インプレス R&D [NextPublishing] 技術の泉 SERIES
E-Book / Print Book

Hello!!
Nuxt.js

那須 理也 | 著

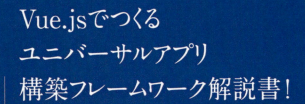

Vue.jsでつくる
ユニバーサルアプリ
構築フレームワーク解説書！

目次

はじめに ………………………………………………………………………………… 6

本書の構成 ……………………………………………………………………………… 6

リポジトリとサポートについて ……………………………………………………… 7

謝辞 ……………………………………………………………………………………… 7

表記関係について ……………………………………………………………………… 7

免責事項 ………………………………………………………………………………… 7

底本について …………………………………………………………………………… 7

第1章　Nuxt.jsとは ………………………………………………………………… 8

1.1　ユニバーサルアプリ …………………………………………………………… 8

1.2　サーバーサイドレンダリング ………………………………………………… 8

1.3　静的ファイルジェネレータ …………………………………………………… 9

1.4　まとめ …………………………………………………………………………… 9

第2章　Nuxt.jsのはじめ方 ……………………………………………………… 10

2.1　npmを使う ……………………………………………………………………… 10

2.2　vue-cliを使う …………………………………………………………………… 12

2.3　まとめ …………………………………………………………………………… 14

第3章　Nuxt.jsの設定について …………………………………………………… 16

3.1　build ……………………………………………………………………………… 16

　　3.1.1　analyze …………………………………………………………………… 17

　　3.1.2　babel ……………………………………………………………………… 18

　　3.1.3　cssSourceMap …………………………………………………………… 19

　　3.1.4　devMiddleware …………………………………………………………… 19

　　3.1.5　extend …………………………………………………………………… 20

　　3.1.6　extractCSS ……………………………………………………………… 22

　　3.1.7　filenames ………………………………………………………………… 23

　　3.1.8　hotMiddleware …………………………………………………………… 23

　　3.1.9　plugins …………………………………………………………………… 24

　　3.1.10　postcss ………………………………………………………………… 25

　　3.1.11　publicPath ……………………………………………………………… 26

　　3.1.12　ssr ……………………………………………………………………… 26

　　3.1.13　templates ……………………………………………………………… 26

　　3.1.14　vendor ………………………………………………………………… 27

　　3.1.15　watch …………………………………………………………………… 27

3.2　css ………………………………………………………………………………… 28

3.3　dev ………………………………………………………………………………… 28

2　　目次

3.4	env		28
3.5	generate		29
	3.5.1	dir	29
	3.5.2	interval	29
	3.5.3	minify	30
	3.5.4	routes	30
3.6	head		31
3.8	modules		33
3.9	plugins		33
3.10	rootDir		34
3.11	router		34
	3.11.1	base	34
	3.11.2	extendRoutes	35
	3.11.3	linkActiveClass	35
	3.11.4	linkExactActiveClass	36
	3.11.5	middleware	38
	3.11.6	mode	39
	3.11.7	scrollBehavior	39
3.12	srcDir		40
3.13	transition		40
3.14	まとめ		42

第4章　ディレクトリ構成と役割 ……………… 43

4.1	pages		43
	4.1.1	ページコンポーネント	43
	4.1.2	ルーティング	44
	4.1.3	動的なルーティング	45
4.2	components		47
4.3	layouts		47
4.4	plugins		48
4.5	middleware		49
4.6	store		49
4.7	assets		50
4.8	static		51
4.9	まとめ		51

第5章　ページコンポーネント ………………… 52

5.1	コンテキスト		52
5.2	.vue ファイルに追加されたオプション		53
	5.2.1	asyncData	54
	5.2.2	fetch	57
	5.2.3	head	58

	5.2.4	layout	58
	5.2.5	scrollToTop	59
	5.2.6	validate	59
	5.2.7	middleware	60
	5.2.8	transition	60

5.3 まとめ 60

第6章 レイアウト 61

6.1 デフォルトレイアウト 61

6.2 エラーページ 61

6.3 カスタムレイアウト 62

6.4 まとめ 63

第7章 プラグイン 64

7.1 プラグインとは 64

7.2 OSSのVueプラグインを使用する場合 64

7.3 アプリケーションのルートやcontextに挿入する 66

7.4 クライアントサイドでのみプラグインを利用したい場合 ... 66

7.5 サーバサイドでのみプラグインを利用したい場合 67

7.6 まとめ 67

第8章 ミドルウェア 68

8.1 ミドルウェアとは 68

8.2 ミドルウェアを実装する 68

	8.2.1	ミドルウェアの実行順序	69
	8.2.2	関数に渡される引数について	69
	8.2.3	非同期に実行したい場合	69

8.3 まとめ 70

第9章 ストア 71

9.1 ストアの使い方 71

| | 9.1.1 | クラシックモード .... | 71 |
| | 9.1.2 | モジュールモード .... | 72 |

9.2 プラグインの作成 72

9.3 まとめ 73

第10章 モジュール 74

10.1 OSSのモジュールを使用する 74

10.2 モジュールの作成方法 77

10.3 まとめ ………………………………………………………………… 78

第11章　コマンド ……………………………………………………………… 79

11.1　nuxt …………………………………………………………………… 79

11.2　nuxt build ……………………………………………………………… 79

11.3　nuxt start ……………………………………………………………… 80

11.4　nuxt generate …………………………………………………………… 80

11.5　まとめ ………………………………………………………………… 80

第12章　Nuxt.jsでのWebアプリケーション開発 …………………………… 81

12.1　Nuxt.jsをフロントエンドサーバーとして使う方法 ………………… 81

12.2　静的ファイルジェネレータで出力したものをホスティングサービスで利用する ……… 85

12.3　expressのミドルウェアとして使用する場合 ………………………… 91

12.4　まとめ ………………………………………………………………… 93

付録A　Nuxtバージョン2について ………………………………………… 94

A.1　webpackがバージョン4になる ……………………………………… 94

A.2　nuxt.config.jsの設定でvendorオプションがなくなる ……………… 97

A.3　buildオプションにsplitChunksが追加される ……………………… 97

A.4　nuxt.config.js内でES Moduleが使用できるようになる …………… 98

A.5　その他ブレーキングチェンジ ………………………………………… 98

A.6　まとめ ………………………………………………………………… 98

おわりに ………………………………………………………………………… 100

はじめに

本書はVue.jsでユニバーサルなアプリケーションを構築するためのフレームワークNuxt.jsの入門書です。Vue.jsとVuex、vue-routerを触ったことのある方であれば、問題なく読むことができるように構成されています。Vue.jsは触ったことはあるけどNuxt.jsは触ったことない、Nuxt.jsの使い方がいまいちわからない、SSRって何をすればよいか分からない、という方が想定読者となっています。

本書を読んでNuxt.jsを使用するイメージがつきましたら、Nuxt.jsのガイド[1]が存在するので、これを閲覧するとさらにステップアップが図れるでしょう。

本書で扱うNuxt.jsのバージョンは1.4系です。

本書の構成

本書は次の内容で構成されています。

第1章「Nuxt.jsとは」

Nuxt.jsがどのようなフレームワークなのか解説します

第2章「Nuxt.jsのはじめ方」

Nuxt.jsのはじめ方を解説します

第3章「Nuxt.jsの設定について」

Nuxt.jsの設定ファイルnuxt.config.jsについて解説します

第4章「ディレクトリ構成と役割」

Nuxt.jsのディレクトリ構成について解説します

第5章「ページコンポーネント」

Nuxt.jsのページコンポーネントについて解説します

第6章「レイアウト」

Nuxt.jsのレイアウトについて解説します

第7章「プラグイン」

Nuxt.jsのpluginについて解説します

第8章「ミドルウェア」

Nuxt.jsのmiddlewareについて解説します

第9章「ストア」

Nuxt.jsのストアについて解説します

第10章「Modules」

Nuxt.jsのmoduleについて解説します

第11章「コマンド」

1.Nuxt.js 日本語ガイド https://ja.nuxtjs.org/guide

Nuxt.jsで使用するコマンドについて解説します

第12章「Nuxt.jsでのWebアプリケーション開発」

Nuxt.jsでアプリケーションの開発方法について解説します

付録A「Nuxtバージョン2について」

Nuxt.jsの2系の差分について解説します

リポジトリとサポートについて

本書に掲載されたサンプルコードと正誤表などの情報は、次のURLで公開しています。

https://github.com/nasum/hello_nuxt_sample_code

謝辞

本書の作成には多くの人に助けられました、特に家族には自宅での作業中迷惑をかけて申し訳なく思っております。この場を借りて感謝を申し上げます。そのうち何かしら贈り物ができればと思います。

Nuxt.jsの公式ガイドは、本書を執筆する上でとても参考にさせていただきました。ガイドの翻訳を行っているVue.js日本ユーザグループの皆様にも深く御礼を申し上げます。

表記関係について

本書に記載されている会社名、製品名などは、一般に各社の登録商標または商標、商品名です。会社名、製品名については、本文中では©、®、™マークなどは表示していません。

免責事項

本書に記載された内容は、情報の提供のみを目的としています。したがって、本書を用いた開発、製作、運用は、必ずご自身の責任と判断によって行ってください。これらの情報による開発、製作、運用の結果について、著者はいかなる責任も負いません。

底本について

本書籍は、技術系同人誌即売会「技術書典4」で頒布されたものを底本としています

第1章　Nuxt.jsとは

本章ではNuxt.jsがどのようなフレームワークなのかを解説します。中でもNuxt.jsが実現する
ユニバーサルアプリの概念と、機能として実装されているサーバーサイドレンダリングと静的
ファイルジェネレータについて紹介します。

1.1　ユニバーサルアプリ

Nuxt.jsとは、ユニバーサルなアプリケーションを構築するためのフレームワークです。Vue.js
とVuex、vue-routerを内包し、アプリケーションのビューを構築するための規約・ルールを提
供しています。

さて、ユニバーサルなアプリケーションとは一体何でしょうか？

ここでの「ユニバーサルなアプリケーション」とはクライアントサイドとサーバーサイドの
両方で実行できるJavaScriptのアプリケーションを指します。かつてはisomophicと呼ばれて
いた概念です。ユニバーサルなアプリケーションの場合はさらにその概念を拡張し、同じコー
ドをネイティブアプリやデスクトップアプリでも実行できるアプリケーションのことを指して
います。

Nuxt.jsでは、同じコードでクライアントサイドのSPA（Single Page Application）とサー
バーサイドのSSR（Server Side Rendering）実現し、ユニバーサルなアプリケーションを実現
しています。

1.2　サーバーサイドレンダリング

Nuxt.jsは、プロジェクトのUIレンダリングを担うフロントエンドサーバーとして利用する
ことができます。

UIレンダリングをNuxt.jsで構築したフロントエンドサーバーに任せ、ビューをレンダリン
グするための情報はバックエンドサーバーから取得する、という設計でアプリケーションを構
築することができます。

Nuxt.jsでは、サーバーサイドレンダリングをするために事前にデータをバックエンドサー
バーから取得するための機能があり、ページコンポーネントのasyncDataメソッドやfetchメ

8　　第1章　Nuxt.jsとは

ソッドでデータを取得します。ビューをレンダリングする前にデータを取得できるので、完成した状態のHTMLを構築しブラウザで表示することが可能です。asyncDataとfetchについては第5章「ページコンポーネント」で詳しく見ていきます。

1.3 静的ファイルジェネレータ

Nuxt.jsは、静的ファイルジェネレータとしても使うことができます。Nuxt.jsで構築したアプリケーションを、そのままHTML・JavaScript・CSSファイルとして出力できます。出力された静的ファイルはVue.jsやVuexを含んでいるので、SPA（Single Page Application）として動作させることができます。

また静的ファイルとして出力されることにより、firebase hostingやNetlify、GitHub Pagesでホストすることができます。静的ファイルホスティングサービスを利用することにより、サーバーレスなWebアプリケーションを簡単に作成できるようになります。

1.4 まとめ

本章ではNuxt.jsが何をできるかについて紹介し、その中でユニバーサルアプリとは何か、またNuxt.jsというフレームワークについて解説しました。

Nuxt.jsはサーバーサイドレンダリングを行うフロントエンドサーバーとして利用したり、静的ファイルジェネレータとしてサーバーレスなアプリケーションを作成するなど、さまざまな利用方法があります。プロジェクトに応じて利用できる、柔軟性のあるフレームワークであるといえます。

第2章　Nuxt.jsのはじめ方

本章ではNuxt.jsのプロジェクトのはじめ方を解説していきます。大きく分けると、何もない状態からnpmを使う方法と、vue-cliというVue.jsのプロジェクトを作るためのコマンドラインツールを使う方法があります。ここではそれぞれについて紹介していきます。

2.1　npmを使う

npmを使って、ゼロからNuxt.jsで開発する環境を作ります。まずはnpm initをしてプロジェクトを開始します。

```
$ npm init
```

次にNuxt.jsをインストールします。

```
$ npm install --save nuxt
```

--saveをつけてインストールします。

その後、Nuxt.jsの作法にしたがったディレクトリ構成でディレクトリを作成することで、開発をはじめることができます。ディレクトリ構成に関しては第4章「ディレクトリ構成と役割」で詳しく説明します。

今回は最低限必要なディレクトリであるpagesディレクトリを作成します。

```
$ mkdir pages
```

pagesディレクトリを作成したら、その中に最初のページを作成します。pagesディレクトリの中に配置するのは.vueファイルです。.vueファイルはtemplate・script・styleをひとつにまとめたファイルで、"単一ファイルコンポーネント"と呼ばれます。index.vueを作成して次のように記述します。

10　第2章　Nuxt.jsのはじめ方

リスト2.1: index.vue

```
<template>
  <div>
    <h1>Hello Nuxt !!</h1>
  </div>
</template>
```

これで最低限の文字列"Hello Nuxt !!"が表示されるコンポーネントが作成されました。

次に、Nuxt.jsを実行できるようにpackage.jsonのscriptにNuxt.jsを実行するコマンドを追加します。

リスト2.2: package.json

```
{
  // 略
  "scripts": {
    "dev": "nuxt",
    "test": "echo \"Error: no test specified\" && exit 1"
  },
  // 略
}
```

nuxtコマンドはNuxt.jsを開発モードで起動します。コマンドについては第11章「コマンド」で詳しく説明します。

これでnpm scriptでNuxt.jsを実行できるようになります。早速実行してみます。

```
$ npm run dev
```

コマンドを実行したあとhttp://localhost:3000をブラウザで開くと、次のように表示されるはずです。

第2章　Nuxt.jsのはじめ方

図2.1: Hello Nuxt !! と表示される

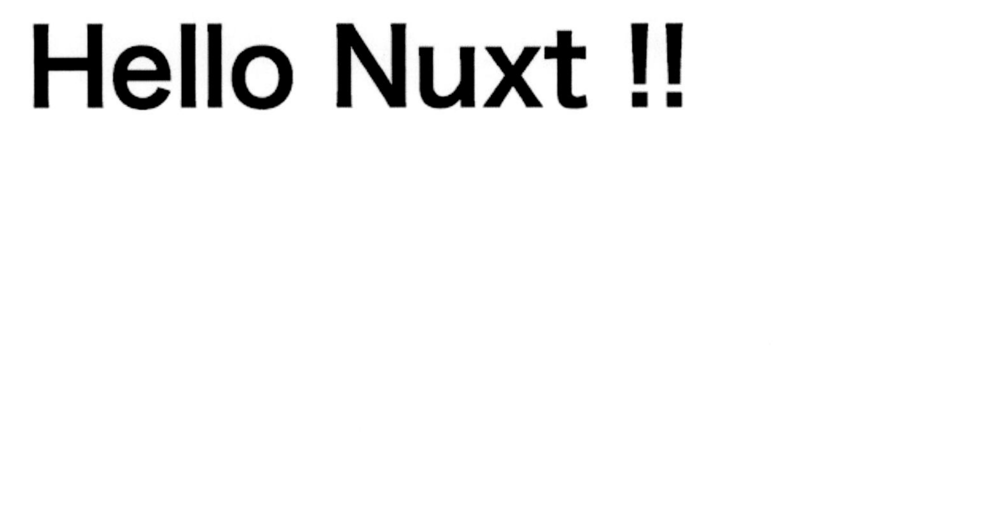

Hello Nuxt !!

これでNuxt.jsを用いた最低限のアプリケーションの作成ができました。ここから、後述する指定されたディレクトリ構成でディレクトリを作成し、規約を守ってコードを書くことによりアプリケーションの開発を進めることができます。

2.2 vue-cliを使う

npmを使ってゼロから作成するとディレクトリ構成から設定ファイルの配置まで全て作らないといけないため、プロジェクト作成のスピードは遅くなりがちです。vue-cliを使い公式のNuxt.jsのテンプレートを使用することで必要なディレクトリ構成が用意された状態でプロジェクトをはじめることができます。

まずはvue-cliをグローバルのパッケージにインストールします。次のコマンドでインストールを行います。

```
$ npm install -g @vue/cli
```

今回使用するvue-cliのバージョンは3.0.0-rc.3です。

```
$ vue --version
3.0.0-rc.3
```

次にvue-cliを使用してプロジェクトを開始します。Nuxt.jsのテンプレートを使用してプロジェクトを作成したいところですが、vue-cliのinitコマンドはvue-cliのバージョンが3系では

12   第2章　Nuxt.jsのはじめ方

deprecatedになっています。vue-cliの3系ではプロジェクトの開始はcreateコマンドで実行します。ですが、まだNuxt.jsのテンプレートがcreateコマンドに対応していないのでinitコマンドを使用できるようにして、テンプレートからプロジェクトを作成できるようにします。

まずnpmでinitコマンドをインストールします。

```
$ npm install -g @vue/cli-init
```

これでレガシーなinitコマンドが使用できるようになります。次のコマンドを実行し、テンプレートからプロジェクトを作成します。

```
$ vue init nuxt-community/starter-template vue-cli

? Target directory exists. Continue? Yes
? Project name vue-cli
? Project description Nuxt.js project
? Author nasum <tomato.wonder.life@gmail.com>

   vue-cli ·  Generated "vue-cli".

   To get started:

     cd vue-cli
     npm install # Or yarn
     npm run dev


$
```

いくつかの質問を経てプロジェクトが作成されます。テンプレートから必要なファイルが自動生成され、すぐに動く状態でセットアップされました。次のコマンドで実行してみます。

```
$ npm install # 必要なパッケージをまずはインストール
$ npm run dev # nuxtを実行するnpm script
```

コマンドを実行したあとhttp://localhost:3000をブラウザで開いてみると次のように表示されます。

第2章 Nuxt.jsのはじめ方 13

図 2.2: vue-cli で作成したものを実行した結果

　これで、全てが用意された Nuxt.js のプロジェクトが作成されました。ディレクトリ構成など必要なものは生成されていますが、.vue ファイルなどは必要最低限のものが用意されているだけなので、これを編集するだけで自分の Nuxt.js のプロジェクトを開始することができます。特別な理由がない限り vue-cli でテンプレートをもとにプロジェクトを開始するほうがスピーディなのでこちらを利用しましょう。

2.3　まとめ

　本章では Nuxt.js でのプロジェクト開始方法を解説しました。何もない状態から作成するのであれば vue-cli を使ったほうがスピーディにプロジェクトを開始できるのでおすすめです。すで

にVue.jsでアプリケーションを作っていて、それをNuxt.jsでSSRするなどの要件がある場合
は、npmでプロジェクトを開始するのがよいでしょう。各プロジェクトに適した形ではじめて
ください。

第3章　Nuxt.jsの設定について

||||||||||||||||||||||||||||||||||||||||||||||||||||||||||||||||||||||||||||||||||||||||||||||||||||||||||||||||||||||||||||||||||||||

本章ではNuxt.jsの設定ファイルについて解説します。Nuxt.jsはデフォルトの設定で十分に動作しますが、より詳細な設定を行いたい場合はnuxt.config.jsに追記します。ここではNuxt.jsへの設定の追記をするために、それぞれの項目を説明します。

||||||||||||||||||||||||||||||||||||||||||||||||||||||||||||||||||||||||||||||||||||||||||||||||||||||||||||||||||||||||||||||||||||||

3.1　build

　buildプロパティではNuxt.jsにバンドルされているWebpackの設定をカスタマイズすることができます。

　設定できる項目と概要を次に示します。

analyze

webpack-bundle-analyzerの設定

babel

babelの設定

cssSourceMap

cssのSourceMapの設定

devMiddleware

webpack-dev-middlewareの設定

extend

クライアントサイドとサーバサイドのwebpackの設定

extractCSS

コンポーネント内のCSSを別ファイルにするかどうかの設定

filenames

ビルド結果のファイル名の設定

hotMiddleware

webpack-hot-middlewareの設定

plugins

webpackのプラグインの設定

postcss

postcss-loaderの設定

publicPath

CDNの設定

ssr

Nuxt.jsをSSRモードかSPAモードのどちらで実行するかの設定

templates

テンプレートファイルの設定

vendor

ビルド時に出力されるvendorファイルに追加するモジュールの設定

watch

watch対象の設定

それぞれについて、設定できる項目の詳細を説明します。

3.1.1　analyze

analyzeプロパティではNuxt.jsにバンドルされているWebpackのプラグインwebpack-bundle-analyzerの設定を書くことができます。

webpack-bundle-analyzerはWebpackがビルドしてでき上がったバンドルファイル内のライブラリや自分で作成したファイルのサイズをtreemap状にブラウザで表示するためのプラグインです。

analyzeプロパティを次のように設定します。

リスト3.1: nuxt.config.js

```
module.export = {
  build: {
    analyze: true // boolean型でプラグインのオンオフが可能です
  }
}
```

設定を書いたら次のコマンドでビルドします。

```
$ nuxt build
```

実行したらブラウザが立ち上がりtreemapが次のように表示されます。

第3章　Nuxt.jsの設定について　　17

図 3.1: webpack-bundle-analyzer により表示された treemap

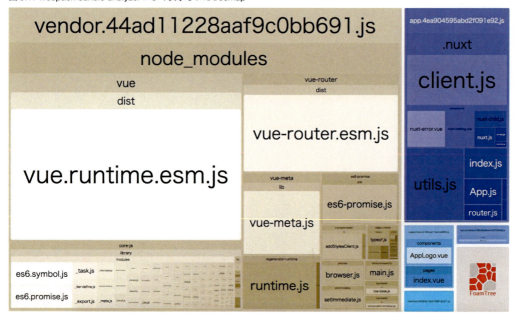

このプロパティを活用することにより大きくなったバンドルファイルを整理していくことが可能です。

analyzeプロパティの設定は、簡単に利用する場合はこの例のようにbooleanを渡します。より詳細な設定を行いたい場合はObjectでwebpack-bundle-analyzerのプロパティを渡します。詳細は公式ドキュメント[1]を参照して設定を行いましょう。

3.1.2 babel

babelプロパティではbabelの設定をカスタマイズすることができます。

babelの設定は、babelプロパティに設定をObjectとして渡すことで設定を行います。

JSXをVue.jsで使うためのプラグインbabel-plugin-transform-vue-jsxを使用する場合は、次のように記述します。

リスト 3.2: nuxt.config.js

```
module.export = {
  babel: {
    "plugins": ["transform-vue-jsx"]
  },
}
```

1.webpack-bundle-analyzer https://github.com/webpack-contrib/webpack-bundle-analyzer

これでJSXが使用できます。

babelのプラグインなどを追加したい場合は、このプロパティにその内容を追加して拡張します。

3.1.3 cssSourceMap

cssのSourceMapを明示的に出力するかどうかをboolean型で指定します。通常はデフォルトで開発モードであればtrue、プロダクションモードであればfalseが設定されます。

開発モードで実行するため、nuxtコマンドで実行してみます。すると、次のようにどの.vueファイルで定義されたCSSなのかが分かるようになります。

図3.2: cssのSourceMapを出力したことによりどの.vueファイルで定義されているかが分かります

```
.container .container-inner {                    index.vue? [sm]:15
    background-color: ■green;
}
*, *:before, *:after {                           default.vue? [sm]:13
    -webkit-box-sizing: border-box;
    box-sizing: border-box;
    margin:▶ 0;
}
```

コンポーネントが増えたりすると、どのCSSが影響してくるか見えにくくなっていきます。cssSourceMapを有効にすることで、どのコンポーネントのCSSが影響しているかわかりやすくなります。

3.1.4 devMiddleware

devMiddlewareプロパティにはNuxt.jsにバンドルされているwebpack-dev-middlewareの設定を書くことができます。

webpack-dev-middlewareは、expressの書式で書くことができるWebpackから出力するファイルのためのミドルウェアです。

試しにheadersプロパティを使用してみます。headersプロパティは、全てのリクエストのResponseHeaderに任意のカスタムヘッダーを付加することができます。

次のようにプロパティを設定します。

リスト3.3: nuxt.config.js

```
build: {
  devMiddleware: {
    "headers": { "X-Custom-Header": "yes" }
  },
```

第3章 Nuxt.jsの設定について 19

```
    // 他は省略
}
```

すると次のようにカスタムヘッダーが付加されていることを確認することができます。

図 3.3: X-Custom-Header が付加されていることが分かる

webpack-dev-middleware のより詳細な設定を行いたい場合は公式のドキュメント[2]を参照しましょう。

3.1.5　extend

extend というメソッドを定義すると、クライアント側とサーバー側の JavaScript ファイルのバンドルについて、Webpack の設定を手動で拡張することができます。第一引数に Webpack の設定オブジェクト、第二引数に isDev・isClient・isServer をもつオブジェクトが入ります。

実際には次のように使用することができます。

リスト 3.4: nuxt.config.js

```
build: {
  extend(config, { isDev, isClient }) {
    if (isDev && isClient) {
      config.module.rules.push({
        enforce: 'pre',
        test: /\.(js|vue)$/,
        loader: 'eslint-loader',
```

---

[2].webpack-dev-middleware https://github.com/webpack/webpack-dev-middleware

```
      exclude: /(node_modules)/
    })
  }
 }
}
```

この例はeslint-loaderを使用する際に追加する設定です。configがWebpackの設定オブジェクトになるので、そこに追加するloaderの設定を追加しています。

configの内容を一部抜粋してみます。

リスト3.5: config

```
{
  name: 'client',
  entry: {
    app: [
      'webpack-hot-middleware/client',
      '/your/own/path/.nuxt/client.js'
    ],
    vendor: ['vue', 'vue-router', 'vue-meta']
  },
  output: {
    path: '/your/own/path/.nuxt/dist',
    filename: '[name].js',
    chunkFilename: '[name].js',
    publicPath: '/_nuxt/',
    devtoolModuleFilenameTemplate: '[absolute-resource-path]'
  },
  // 以下省略
}
```

見慣れたWebpackの設定が入っていることが分かります。

デフォルトのWebpackの設定はNuxt.jsのリポジトリのnuxt.js/lib/builder/webpack[3]に存在します。すでに設定されている項目を知っておくことでNuxt.jsへの理解が進みますので、参照してみてください。

extendメソッドはクライアントとサーバーのビルドでそれぞれ呼ばれるため、起動時に2回呼ばれます。クライアントのみ適用したい設定や、サーバーのみ設定したい設定がある場合はif文などで分岐することによって実現できます。

分岐する場合は、第二引数で渡されるオブジェクトからisClientとisServerを呼ぶことで、現

3.https://github.com/nuxt/nuxt.js/tree/master/lib/builder/webpack

在ビルドしているJavaScriptファイルがクライアントかサーバーかが分かります。

　Webpackの設定に手を加えたい場合は、extendメソッドを活用し対応していくとよいでしょう。

3.1.6　extractCSS

　extractCSSプロパティはBooleanを受け取ります。デフォルトはfalseです。trueを受け取ると共通で使用しているコンポーネント内などのCSSが抽出され、別のファイルとしてビルド時に出力されます。通常はJSファイルに同梱されているのですが、ファイルを個別にキャッシュさせる、といった用途で使用したい場合はtrueにするとよいでしょう。

　具体的にどのようなファイルで出力されるか見てみます。次がfalseの場合の出力されたファイルです。

図3.4: extractCSS: falseの場合

　次はtrueの場合の出力されたファイルです。

図 3.5: extractCSS: true の場合

```
▲ 03_config
  ▲ sample_project
    ▲ .nuxt
      ▶ components
      ▲ dist
        ▶ layouts
        ▶ pages
        JS app.0af590b28339806f6971.js
        # app.bc35257661150fa55f19fa5726fe83ae.css
        <> index.spa.html
        <> index.ssr.html
        ☰ LICENSES
        JS manifest.20dd9c6a5536dcff53da.js
        {} server-bundle.json
        JS vendor.34e1baeae70ddcfab27d.js
        {} vue-ssr-client-manifest.json
      ▶ views
      JS App.js
      JS client.js
      JS empty.js
      JS index.js
      <> loading.html
      JS middleware.js
      JS router.js
      JS server.js
      JS utils.js
```

app.[hash 値].css が出力されたことが分かります。

3.1.7　filenames

filenames プロパティはバンドル後のファイル名をカスタマイズすることができます。ファイル名の定義はオブジェクトとして渡します。

デフォルト値を次に示します。

リスト 3.6: filename プロパティ

```
{
  css: 'common.[contenthash].css',
  manifest: 'manifest.[hash].js',
  vendor: 'common.[chunkhash].js',
  app: 'app.[chunkhash].js',
  chunk: '[name].[chunkhash].js'
}
```

通常は出力される各ファイルの名前を変更することはあまりないかと思いますが、名前を変えたい要件が出た場合に活用できます。

3.1.8　hotMiddleware

hotMiddleware プロパティは、Webpack のプラグイン webpack-hot-middleware の設定を記

述することができます。

　Nuxt.jsではHot Module Replacementがデフォルトで有効になっています。Hot Module Replacementの設定等を変えたくなった場合に利用することができます。必要になった場合は適宜公式のドキュメント[4]を参照するとよいでしょう。

3.1.9　plugins

　pluginsプロパティはWebpackのプラグインを追加することができます。追加する際はpluginsプロパティに配列でプラグインのインスタンスを渡します。

　たとえばdotenv-webpackを使用してみます。次のように設定を書いてみます。

リスト3.7: pluginsプロパティでdotenv-webpackを使用する

```
const Dotenv = require('dotenv-webpack');

module.exports = {
  build: {
    plugins: [
      new Dotenv()
    ]
  }
}
```

　.envファイルをルートに配置してみます。

リスト3.8: .env

```
TEST=test
```

　この状態で次のようなコードを書くと、console.logで使用できることが確認できます。

リスト3.9: .envに書かれた設定を出力する

```
console.log(process.env.TEST)
```

図3.6: 出力結果

```
test                                    index.vue?127e:31
[HMR]              client.js?name=clien…h=/__webpack_hmr:92
connected
```

4.webpack-hot-middleware https://github.com/webpack-contrib/webpack-hot-middleware

3.1.10 postcss

postcss プロパティは postcss-loader の設定を記述することができます。簡単な例を次に示します。

リスト 3.10: postcss の設定

```
module.exports = {
  build: {
    postcss: {
      exec: true,
      parser: '',
      syntax: '',
      stringifier: '',
      config: {
        path: 'path/to/postcss.config.js'
      },
      plugins: {},
      sourceMap: true
    }
  }
}
```

exec

Boolean 型。PostCSS のパーサーの CSS-in-JS を有効にします。

parser

String 型または Object 型。PostCSS の parser を設定します。

syntax

String 型または Object 型。PostCSS の syntac を設定します。

stringifier

String 型または Object 型。PostCSS の stringifier を設定します。

config

Object 型。postcss.config.js の path 等を設定します。

plugins

Array 型または関数。PostCSS のプラグインを設定します。

sourceMap

String 型または Boolean 型。SourceMap を有効にします。

さらに詳細な情報は、公式のドキュメント[5]を参照してください。

5.postcss-loader https://github.com/postcss/postcss-loader

3.1.11 publicPath

publicPathプロパティは、distディレクトリ内のファイルをCDNへアップロードするための
URLを設定することができます。

リスト3.11: nuxt.config.js

```
module.exports = {
  build: {
    publicPath: 'https://example.com'
  }
}
```

設定すると、nuxt buildするタイミングで.nuxt/dist/ディレクトリの内容がCDNにアップ
ロードされます。

3.1.12 ssr

ssrプロパティは、Nuxt.jsをSSRで使用する場合とSPAで使用する場合を切り替えることが
できます。trueにするとSSR、falseにするとSPAで動くようになります。

3.1.13 templates

templatesプロパティは、lodash.templateを活用してテンプレートをレンダリングするため
に使用します。簡単にHTMLをレンダリングする例を次に示します。

リスト3.12: templatesの設定

```
module.exports = {
  build: {
    templates: [
      {
        src: path.resolve(__dirname, 'views/sample.html'),
        dst: 'views/sample.html',
        options: {
          sample: 'sample text'
        }
      }
    ]
  }
}
```

リスト3.13: views/sample.html

```
hoge
```

26 　第3章　Nuxt.jsの設定について

```
<%= options.sample %>
```

この状態でnuxt buildすると、次のようなhtmlが出力されます。

リスト3.14: views/sample.html

```
hoge
sample text
```

nuxt.config.jsで設定したoptionsの内容がレンダリングされることが分かります。

3.1.14 vendor

vendorプロパティは、ビルド時に生成されるvendorファイル内に追加するモジュールを設定することができます。

OSSのライブラリなどを各コンポーネント内でimportすると、各コンポーネントでライブラリがバンドルされてしまい、ビルドされたappファイル内に同じライブラリのコードが散在することになります。vendorプロパティ内でOSSのライブラリを登録することによりvendorファイル内に一度だけバンドルされるようになり、ファイルサイズが小さくなるというメリットがあります。

例としてaxiosをvendorファイル内に追加するための設定を次に示します。

リスト3.15: vendorの設定

```
module.exports = {
  build: {
    vendor: ['axios']
  }
}
```

このように設定するとvendorファイルに追加され、import axios from 'axios'ではvendorファイルからインポートされるようになります。

このvendorプロパティには自作のNuxt.jsのpluginファイルも追加することができます。

3.1.15 watch

watchプロパティは、ファイルの変更対象を配列で追加します。特別な事情でwatch対象ではないディレクトリやファイルを追加した場合、watchプロパティにパスを追加するのがよいでしょう。

先の例の.envファイルをwatch対象にしてみます。

第3章 Nuxt.jsの設定について | 27

リスト3.16: watch の設定

```
module.exports = {
  build: {
    watch: [
      path.resolve(__dirname, '.env'),
    ]
  }
}
```

この設定により.env ファイルを更新するたびにビルドが走るようになります。

3.2 css

css プロパティはグローバルに適用したい css ファイルを設定することができます。

sass を指定することも可能です。その場合は node-sass と sass-loader をインストールする必要があります。

css プロパティに normalize.css を追加する例を次に示します。

リスト3.17: css の設定

```
module.exports = {
  css: [
    'normalize.css',
  ]
}
```

ここで指定するのはパッケージ名です。

3.3 dev

Nuxt.js が開発モードなのかプロダクションモードなのかを指定するプロパティです。

このプロパティは nuxt コマンドによって上書きされます。nuxt コマンドをそのまま使う場合は dev は強制的に true になり、nuxt build・nuxt start・nuxt generate コマンドの場合は dev は強制的に false なります。

3.4 env

env プロパティは、クライアントとサーバサイド両方で使える環境変数を設定します。

簡単な例を次に示します。

リスト3.18: envの設定

```
module.exports = {
  env: {
    hoge: "hogehoge"
  }
}
```

このhogeプロパティにアクセスするには、process.env.hogeのようにprocessオブジェクトを経由してアクセスする方法と、context.hogeのようにcontextオブジェクトを経由してアクセスする方法があります。

3.5　generate

nuxt generateを実行するときに使用される設定をgenerateプロパティで設定します。設定できる項目と概要を次に示します。

dir

String型。出力先のディレクトリの設定。

interval

Number型。出力のインターバル時間の設定。

minify

Object型。ミニファイの設定。

routes

Array型。動的ルーティングの設定。

それぞれ設定できる項目の詳細を見ていきます。

3.5.1　dir

nuxt generateを実行したときに作成されるディレクトリ名をStringで設定します。デフォルトはdistです。

3.5.2　interval

intervalプロパティはページのレンダリング間のインターバルを数値で設定することができます。デフォルトの値は0で、単位はミリ秒です。

たとえば1ページレンダリングするためにAPIでデータを取ってくる必要があるとき、何も設定しないと連続でAPIアクセスが発生してしまい、API提供元に負荷がかかります。API提供元に迷惑をかけないようにするためには適切な時間待つ必要があります。

3.5.3 minify

minifyプロパティは、Nuxt.jsでHTMLファイルをミニファイするために使用される
html-minifierのデフォルト設定を上書きすることができます。

デフォルトの設定を次に示します。

リスト3.19: minify の初期設定

```
minify: {
  collapseBooleanAttributes: true,
  collapseWhitespace: false,
  decodeEntities: true,
  minifyCSS: true,
  minifyJS: true,
  processConditionalComments: true,
  removeAttributeQuotes: false,
  removeComments: false,
  removeEmptyAttributes: true,
  removeOptionalTags: true,
  removeRedundantAttributes: true,
  removeScriptTypeAttributes: false,
  removeStyleLinkTypeAttributes: false,
  removeTagWhitespace: false,
  sortAttributes: true,
  sortClassName: false,
  trimCustomFragments: true,
  useShortDoctype: true
}
```

詳細は公式のドキュメント[6]を参考にするとよいでしょう。

3.5.4 routes

nuxt generateで出力されるファイルは、Nuxt.jsの動的ルーティングで無視されてしまうと
いう特徴があります。routesプロパティは動的ルーティングで表示したいページがある場合、
あらかじめパラメータをセットしてHTMLを出力することで対応するためのプロパティです。

リスト3.20: 動的ルーティングを想定したディレクトリ構成

```
pages
└── articles
    └── _id.vue
```

6.html-minifier https://github.com/kangax/html-minifier

パラメータをセットしてHTMLを出力するための設定を次に示します。

リスト 3.21: generate.routes の設定

```
module.exports = {
  generate: {
    routes: [
      '/articles/1',
      '/articles/2',
      '/articles/3'
    ]
  }
}
```

多くの場合はこの設定で問題ないでしょう。しかしこの例ではあらかじめ想定したパラメータしか有効ではありません。

パラメータを想定できない、たとえばAPIを介したデータを取得したい場合はroutesプロパティに関数を渡すことでルーティングを実現することができます。

リスト 3.22: promise を返す関数を使用する場合

```
const axios = require('axios')

module.exports = {
  generate: {
    routes: function () {
      return axios.get('https://example.com/articles')
      .then((res) => {
        return res.data.map((article) => {
          return '/articles/' + article.id
        })
      })
    }
  }
}
```

3.6 head

headプロパティは、Nuxt.jsに同梱されているvue-metaを使用してメタ情報を設定することができます。

簡単な例を次に示します。

リスト 3.23: head の設定

```
module.exports = {
  head: {
    meta: [
      { charset: 'utf-8' },
      { name: 'viewport', content: 'width=device-width,
initial-scale=1' },
      { hid: 'description', name: 'description', content: 'This
page is Nuxt.js sample' }
    ]
  }
}
```

詳細は公式のドキュメント[7]を参考にするとよいでしょう。

```
module.exports = {
  loading: '~/components/Loading.vue'
}
```

独自コンポーネントは、次のメソッドをコンポーネントの methods プロパティに追加する必要があります。

start()

必須。ページ遷移時に呼び出されます。これが呼び出されたときにコンポーネントの表示が開始されます。

finish()

必須。ページのロード処理が終わったとき（asyncData や fetch 後）に呼び出されます。これが呼び出されたときにコンポーネントの表示が終了します。

fail()

任意。ルートのロード時にデータ取得などに失敗したときに呼び出されます。

increase(num)

任意。ルートのコンポーネントがロードされている間に呼び出されます。100 までの間を increment します。ローディング状況を表示するのに活用できます。

increase メソッドなどはローディングの表示をインタラクティブにするのにうまく活用できます。

---

7. vue-meta https://github.com/declandewet/vue-meta

3.8　modules

modulesプロパティは、Nuxt.jsの拡張機能であるmodule機能を使用する際に設定を行います。
modulesプロパティには配列で次のように設定を行います。

リスト3.26: modulesの設定

```
module.exports = {
  modules: [
    // OSSのモジュールをnpmでインストールした場合はパッケージ名を指定します。
    '@nuxtjs/axios',

    // moduleをプロジェクト内で独自に作成した場合はmoduleのパスを書きます
    '~/modules/awesome.js',

    // モジュールのオプションを指定する場合は配列の中にパッケージ名とそのオプションをオブジェ
クトで渡します
    ['@nuxtjs/google-analytics', { ua: 'X1234567' }],

    // 別ファイルにせずインライにも定義するばあいは関数で渡します
    function () { }
  ]
}
```

Nuxt.jsのモジュールの処理は配列に定義した順番に行われます。

moduleについての詳しい解説は第10章「Modules」で解説します。

3.9　plugins

pluginsプロパティは、ルートのコンポーネントをインスタンス化する前に実行したいplugin
を指定します。

pluginsプロパティには配列で設定を与えます。配列には文字列かオブジェクトを渡すことが
できます。文字列の場合はpluginのファイルパスを与えます。オブジェクトの場合は次のよう
なプロパティをもつオブジェクトを与えます。

src

String型。ファイルのパスを与えます。

injectAs

String型。デフォルトでは設定されません。ルートのアプリケーションとコンテキストに
プラグインのオブジェクトを挿入するためのキー名を指定します。

ssr

Boolean型。デフォルトはtrue。falseを指定するとクライアントサイドでのみインクルード

第3章　Nuxt.jsの設定について　　33

されます。

pluginについての詳しい解説は第7章「プラグイン」で解説します。

3.10 rootDir

rootDirプロパティはNuxt.js実行時のワーキングディレクトリを文字列で指定します。デフォルトはコマンドを実行したディレクトリのパスになります。これはnuxtコマンド実行時に上書きされます。次のコマンドを実行すると./workdirがセットされます。

```
nuxt ./workdir
```

また、Nuxt.jsを他のプログラムと組み合わせて使用する際にnuxtのディレクトリを指定するために使用されます。

3.11 router

routerプロパティは、Nuxt.jsのデフォルトで設定されているvue-routerの設定を上書きできます。

routerプロパティには次のプロパティをもつオブジェクトを渡します。

base
String型。アプリケーションのベースURLの設定。

extendRoutes
関数。独自のルーティングの設定。

linkActiveClass
String型。リンクがアクティブな時付与されるクラスの設定。

linkExactActiveClass
String型。リンクが完全一致の状態でアクティブな時付与されるクラスの設定。

middleware
String型もしくはArray型。実行されるミドルウェアの実行。

mode
String型。ルーティングモードの設定。

scrollBehavior
関数。ページ間のスクロールについての設定。

3.11.1 base

baseプロパティは、文字列でアプリケーションのベースとなるURLを渡します。

たとえば/app/以下でアプリケーションを配信したい場合は次のように設定します。

リスト 3.27: ベース URL の設定

```
module.exports = {
  router: {
    base: '/app/'
  }
}
```

3.11.2 extendRoutes

extendRoutes プロパティは、Nuxt.js で生成しない独自のルートを作成するために使用します。関数で設定でき、第一引数に vue-router のオブジェクト、第二引数に path.resolve 関数が渡されます。

例として独自の "404 ページ" を設定するための設定を示します。

リスト 3.28: modules の設定

```
router: {
  extendRoutes(routes, resolve) {
    routes.push({
      name: 'custom',
      path: '*',
      component: resolve(__dirname, 'pages/404.vue')
    })
  }
}
```

第一引数で渡された vue-router のオブジェクトに対して push することでルーティングを拡張しています。

3.11.3 linkActiveClass

linkActiveClass プロパティは、<nuxt-link> タグのリンクがアクティブなときに付与されるクラスを文字列で渡すことでカスタマイズするプロパティです。

「リンクがアクティブなとき」とは、たとえば /article へのリンクが /article のページにある場合の状態を指します。よく使われるパターンとしてはグローバルナビゲーションなどでリンクを集約しているとき、自分がいるページをハイライトしたい時などに使えます。

グローバルナビゲーションの例を次に示します。

リスト 3.29: linkActiveClass の設定

```
router: {
```

```
    linkActiveClass: 'my-active-class'
}
```

リスト 3.30: components/GlobalNav.vue

```
<template>
  <div>
    <nuxt-link to="/articles">
      articles
    </nuxt-link>
    <br>
    <nuxt-link to="/sample">
      sample
    </nuxt-link>
  </div>
</template>

<style lang="scss">
  .my-active-class:after {
    color: white;
    content: "*";
    background-color: blue;
  }
</style>
```

GlobalNav.vue を使用した画面を次に示します。

図 3.7: アクティブになったリンクに装飾が施される

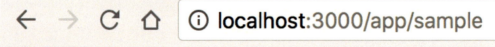

app/sample へのリンクに my-active-class が付与され、装飾されていることが分かります。

3.11.4　linkExactActiveClass

linkExactActiveClass プロパティは、リンクが完全一致によってアクティブになっている適用されるクラスを文字列で指定することができます。

先ほどの例に追記していきます。

リスト3.31: linkExactActiveClass の設定

```
router: {
  linkActiveClass: 'my-active-class',
  linkExactActiveClass: 'my-exact-active-class'
}
```

リスト3.32: components/GlobalNav.vue

```
<template>
  <div>
    <nuxt-link to="/articles">
      articles
    </nuxt-link>
    <br>
    <nuxt-link to="/sample">
      sample
    </nuxt-link>
  </div>
</template>

<style lang="scss">
  .my-active-class:after {
    color: white;
    content: "*";
    background-color: blue;
  }

  .my-exact-active-class:before {
    color: white;
    content: "!";
    background-color: red;
  }
</style>
```

この設定で完全一致なリンクの場合、次のように表示されます。

第3章　Nuxt.js の設定について　37

図3.8: 完全一致でアクティブになったリンクに装飾が施される

完全一致でないリンクの場合だと次のように表示されます。

図3.9: 完全一致でない状態でアクティブになったリンクに装飾が施されない

3.11.5　middleware

　middlewareプロパティは、全てのリンクに適用されるミドルウェアを文字列または配列で適用するプロパティです。

　次のようにmiddlewareを指定します。

リスト3.33: middlewareの設定

```
router: {
  middleware: 'my-middleware'
}
```

リスト3.34: middleware/my-middleware.js

```
export default function (context) {
  // middlewareのための設定を書く
}
```

　middlewareについての詳細は第8章「ミドルウェア」で解説していきます。

3.11.6　mode

modeはルーティングのモードを設定します。設定できるモードはvue-routerの設定に準じます。デフォルトではhistoryです。

設定できる値は次の三つです。

history

デフォルト。HTML5のhistoryAPIを使用します。

hash

ルーティングにURL hashを使用します。

abstract

ブラウザによらずサーバサイドの環境でも動作する設定。

3.11.7　scrollBehavior

scrollBehaviorオプションはページ間のスクロール位置について独自の設定を関数に渡すことで行うことができます。これは次のように設定します。

リスト3.35: scrollBehaviorの設定

```
router: {
  scrollBehavior: function (to, from, savedPosition) {
    // スクロールした状態で遷移するときの処理を書く
    // 返り値はオブジェクトでスクロール量を返す
    return { x: 0, y: 100}
  }
}
```

引数として次の値を渡されます。

to

Object型。リンク先のルートオブジェクト。

from

Object型。リンク元のルートオブジェクト。

savedPosition

Object型。ブラウザの戻る・進むボタンをおしたときのスクロール量のオブジェクト。

返り値としてスクロール量を設定したオブジェクトを返します。返すオブジェクトの形式は次のように記述します。

リスト3.36: 返り値の例

```
// スクロール量をx軸とy軸で決定
{
```

第3章　Nuxt.jsの設定について　39

```
  x: number,
  y: number
}
// セレクタを設定しそこまでスクロールする。offsetでそこからどれぐらいスクロールするか設定する
{
  selector: string
  offset: {
    x: number,
    y: number
  }
}
```

3.12　srcDir

　srcDirプロパティは、アプリケーションのソースディレクトリを文字列で渡すことができます。

　デフォルトはnuxt.config.jsがあるディレクトリが設定されますが、これを任意のディレクトリに設定することが可能でです。たとえばRailsなどの他のプログラムと組み合わせるときに役に立ちます。

3.13　transition

　transitionプロパティは、ページ間のトランジションのデフォルト値を文字列かオブジェクトで設定することができます。

　文字列で設定した場合はその文字列が<transition>タグのname属性に使われます。オブジェクトで設定する場合は次のプロパティをもつオブジェクトを設定することでより詳細なカスタマイズが可能です。

name

String型。デフォルトは"page"。全てのトランジション時にname属性に適用されるトランジション名です。

mode

String型。デフォルトは"out-in"。全てのトランジション時に適用されるトランジションモード。"in-out"と"out-in"を選ぶことがでます。

css

Boolean型。デフォルトはtrue。CSSトランジションクラスを適用するか否かを設定できます。falseを指定すると、コンポーネントのイベントに登録されたJavaScriptフックのみがトリガーになります。

duration

Number 型。トランジションが適用される時間をミリ秒で指定できます。

type

String 型。トランジション終了のタイミングを待ち受けるためのイベントタイプを指定できます。"transition"または"animation"を指定できます。

enterClass

String 型。enter トランジション開始時のクラス名を指定できます。

enterToClass

String 型。enter トランジション終了時のクラス名を指定できます。

enterActiveClass

String 型。enter トランジション中のクラス名を指定できます。

leaveClass

String 型。leave トランジション開始時のクラス名を指定できます。

leaveToClass

String 型。leave トランジション終了時のクラス名を指定できます

leaveActiveClass

String 型。leave トランジション中のクラス名を指定できます。

他にもオブジェクト中にメソッドを定義し、JavaScript フックで使用することが可能です。

・beforeEnter(el)

・enter(el, done)

・afterEnter(el)

・enterCancelled(el)

・beforeLeave(el)

・leave(el, done)

・afterLeave(el)

・leaveCancelled(el)

ここで設定すると、次のように <transition> タグで使用されます。

リスト 3.37: JavaScript フック

```
<transition
 v-on:before-enter="beforeEnter"
 v-on:enter="enter"
 v-on:after-enter="afterEnter"
 v-on:enter-cancelled="enterCancelled"
 v-on:before-leave="beforeLeave"
 v-on:leave="leave"
 v-on:after-leave="afterLeave"
```

第3章　Nuxt.js の設定について　41

```
    v-on:leave-cancelled="leaveCancelled"
>
```

トランジションについての詳細は公式のドキュメント[8]を参考にするとよいでしょう。

3.14　まとめ

以上Nuxt.jsの設定ファイルであるnuxt.config.jsに設定できる項目を見ていきました。主に
グローバルに影響する項目を書いていくことになります。

コンポーネントごとに上書きしていくことも可能なので共通して使用する設定はここに書い
ていくとよいでしょう。

8.Enter/Leave とトランジション一覧 https://jp.vuejs.org/v2/guide/transitions.html

第4章　ディレクトリ構成と役割

|||||||||||||||||||||||||||||||||||||||||||||||||||||||||||||||||||||||||||||||||||||||||||||||||||||||||
本章ではNuxt.jsのディレクトリ構成について解説します。Nuxt.jsは推奨されるディレクトリ構成がすでに決まっており、ビルド時にそれぞれのディレクトリの役割にしたがってビルドされます。本章ではディレクトリ構成と配置するファイルの役割について説明します。解説するディレクトリ構成はvue-cliで自動生成されるものです。
|||||||||||||||||||||||||||||||||||||||||||||||||||||||||||||||||||||||||||||||||||||||||||||||||||||||||

4.1　pages

Nuxt.jsの中で基本的で一番重要なディレクトリはpagesディレクトリです。pagesディレクトリはビューとルーティングに関する役割を負います。

ビューを構築するためのページコンポーネントとルーティングについて詳しく見ています。

4.1.1　ページコンポーネント

pagesディレクトリに配置される.vueファイルは、それがひとつのページになります。これをページコンポーネントと呼びます。

Nuxt.jsはユニバーサルアプリケーションを作成するために.vueファイルに独自のオプションを追加します。独自に追加されたオプションを次に挙げます。

asyncData
ページがレンダリングされる前にデータをdataプロパティに入れるために使用される

fetch
ページがレンダリングされる前にデータをストアに入れるために使用される

head
ページのheadタグ内を設定するために使用される

layout
layoutファイルを指定するするために使用される

transition
ページ特定のトランジションを設定するために使用される

scrollToTop
ページのレンダリング時に一番上までスクロールするか否かを設定する

validate

動的なルーティングをするための検証関数を設定できる

middleware

ページのレンダリング時に実行するmiddlewareを設定する

それぞれの項目に関しては第5章「ページコンポーネント」で細かく見ていきます。

4.1.2　ルーティング

Nuxt.jsはビルド時にこのディレクトリ中のファイル名やディレクトリ名にしたがってルーティングを自動生成します。

たとえば、次のようなディレクトリとファイルをpagesディレクトリに作ります。

ディレクトリ構成

```
pages
├── articles
│   └── index.vue
├── about.vue
└── index.vue
```

生成されるルーティングのコードを見てみます。.nuxt/router.jsに次のように生成されます。

リスト4.1: router.js

```
import Router from 'vue-router'

Vue.use(Router)
// 略
export function createRouter () {
  return new Router({
    mode: 'history',
    base: '/',
    linkActiveClass: 'nuxt-link-active',
    linkExactActiveClass: 'nuxt-link-exact-active',
    scrollBehavior,
    routes: [
      {
        path: "/about",
        component: _d1429fa2,
        name: "about"
      },
      {
        path: "/articles",
```

44　第4章　ディレクトリ構成と役割

```
      component: _74e73864,
      name: "articles"
    },
    {
      path: "/",
      component: _91d2ea18,
      name: "index"
    }
  ],
  fallback: false
})
}
```

この状態でnuxt devを実行すると、次のURLでアクセスできるようになります。

・/ pages直下のindex.vueが表示される

・/about pages直下のabout.vueが表示される

・/articles articles配下のindex.vueが表示される

出力されたコードからvur-routerを使用してルーティングの設定をしていることがわかります。pagesディレクトリの中に新しいファイルを作ると、routesプロパティの配列が変更されます。

4.1.3 動的なルーティング

パラメータを使って動的なルーティングを定義するには、ディレクトリか.vueファイルのプレフィックスに_をつけます。

たとえば次のようなディレクトリとファイル構成にしてみます。

ディレクトリ・ファイル構成

```
pages
├── _user
│    └ profile.vue
├── articles
│    ├── _id.vue
│    └── index.vue
├── about.vue
└── index.vue
```

この状態でNuxt.jsを実行すると次のようなルーティングが生成されます。

第4章　ディレクトリ構成と役割　45

リスト4.2: router.js

```javascript
import Router from 'vue-router'

Vue.use(Router)
// 略
export function createRouter () {
  return new Router({
    mode: 'history',
    base: '/',
    linkActiveClass: 'nuxt-link-active',
    linkExactActiveClass: 'nuxt-link-exact-active',
    scrollBehavior,
    routes: [
      {
        path: "/about",
        component: _d1429fa2,
        name: "about"
      },
      {
        path: "/articles",
        component: _74e73864,
        name: "articles"
      },
      {
        path: "/articles/:id", // :idに動的に値が入ります
        component: _58dd01b6,
        name: "articles-id"
      },
      {
        path: "/",
        component: _91d2ea18,
        name: "index"
      },
      {
        path: "/:user/profile", // :userに動的に値が入ります
        component: _7386d066,
        name: "user-profile"
      }
    ],
    fallback: false
  })
}
```

第4章　ディレクトリ構成と役割

この状態でnuxtコマンドを実行すると次のURLでアクセスできるようになります。

・/articles/:id articles配下のarticles/_id.vueが表示される

・/:user/profile _user配下のprofile.vueが表示される

それぞれの.vueファイルではパラメータの値を次のようなコードで表示できます。

リスト4.3: _id.vue

```
<template>
  <div>
    id:{{ $route.params.id }}
  </div>
</template>
```

　このようにディレクトリとファイル構成で自動的にルーティングを作成し、ビューを表示することができます。

4.2　components

　componentsディレクトリにはビューで使用するためのコンポーネントを配置します。componentsディレクトリはNuxt.jsからは自動で読み込まれないため、使用しなければ削除することが可能です。

　ここに配置されるコンポーネントはNuxt.jsの影響下ではないため、ピュアな.vueファイルになります。コンポーネントからはVuexのストアやvue-routerのオブジェクトにアクセスすることなどが可能です。

　主に共通で使用するコンポーネントなどを配置するとよいでしょう。

4.3　layouts

　layoutsディレクトリはアプリケーションのレイアウトファイルを入れます。レイアウトファイルは.vue形式です。

リスト4.4: layoutファイルの例

```
<template>
  <!-- <nuxt/>コンポーネントが必ず入るtemplate -->
  <div>
    <nuxt/>
  </div>
</template>


<style>
```

第4章　ディレクトリ構成と役割　　47

```
  <!-- スタイルをここに書く -->
</style>
```

レイアウトはデフォルトレイアウト・エラーページ・カスタムレイアウトを作成し配置することができます。レイアウトファイルはページコンポーネントのlayoutオプションで指定することが可能です。

レイアウトファイルの詳細については、第6章「レイアウト」で細かく解説します。

4.4 plugins

pluginsディレクトリには、アプリケーションをインスタンス化する前に実行したいJavaScriptコードを配置します。

OSSのVueプラグインなどを利用するとき、ここに初期化のコードを書きます。たとえばvue-good-tableというプラグインを使用する場合、pluginsディレクトリに次のようなファイルを配置します。

リスト4.5: vue-good-table.js

```js
import Vue from 'vue';

import VueGoodTable from 'vue-good-table';
import 'vue-good-table/dist/vue-good-table.css'

Vue.use(VueGoodTable);
```

vue-good-tableのコンポーネントを使用するには次のように記述します。

リスト4.6: index.vue

```html
<template>
  <section>
    <h1>Hello Nuxt!!</h1>
    <vue-good-table
      :columns="columns"
      :rows="rows"
      :search-options="{
        enabled: true,
      }"
      :pagination-options="{
        enabled: true,
        perPage: 5,
```

48 │ 第4章 ディレクトリ構成と役割

```
    }"
    styleClass="vgt-table striped bordered"/>
  </section>
</template>
```

これでvue-good-tableのコンポーネントがどのページコンポーネントでも使用できます。他にもカスタムディレクティブ等グローバルで使用するものはここで定義します。

詳しくは第7章「プラグイン」で細かく見ていきます。

4.5　middleware

middlewareディレクトリには、ページをレンダリングするよりも前に実行される関数を定義し配置することができます。たとえば次のようにconsole.logで出力する関数を定義します。

リスト4.7: visit.js

```
export default function () {
  console.log('visit')
}
```

これを使用するために、ページコンポーネントのmiddlewareキーにファイル名を記入します。

リスト4.8: index.vue

```
<script>
export default {
  middleware: ["visit"]
};
</script>
```

すると、このコンポーネントをレンダリングするたびにconsole.logが呼び出され、Nuxt.jsを実行したコンソール上でvisitと表示されます。

詳しくは第8章「ミドルウェア」で細かく解説します。

4.6　store

storeディレクトリには、Vuexのストアのファイルを配置します。Nuxt.jsはデフォルトでVuexを組み込んでいます。

簡単な例を次に示します。

リスト4.9: index.js

```
import Vuex from 'vuex'

const store = () => new Vuex.Store({

  state: {
    counter: 0
  },
  mutations: {
    increment(state) {
      state.counter++
    }
  }
})

export default store
```

　通常のVuexの使用法と変わりなく使用することができるので、Vuexを使い慣れている人は問題なく使用することができるはずです。

　詳しくは第9章「ストア」で細かく解説します。

4.7　assets

　assetsディレクトリは、LESSやSCSSなどのコンパイルされてないファイルを配置します。このディレクトリ中ではWebpackによってビルドされるファイルが配置されます。Nuxt.jsではfile-loaderやurl-loaderを読み込むのでそれが使用されます。

　ここに配置されたファイルをコンポーネント上で参照するには、~ディレクトリ名/ファイル名と指定します。

　使用例としては、共通で使用したいscssファイルがあった場合assetsディレクトリにscssファイルを次のように配置します。

assetsのディレクトリ構成

```
assets
└── sample.scss
```

　これをページコンポーネントのstyle要素で次のように読みこみ利用することができます。

リスト4.10: artivle.vue

```
<style src="~/assets/sample.scss"></style>
```

また画像を扱うこともできます。画像を次のようにassets配置してみます。

assetsのディレクトリ構成

```
assets
└─ 150x150.png
```

画像をコンポーネント内で活用する際の例を次に示します。

リスト4.11: sample.vue

```
<template>
  <div>
    <img src="~assets/150x150.png">
  </div>
</template>
```

ここで参照された画像はBase64にエンコードされて描画されます。

図4.1: 画像はBase64に変換されている

```
▼<div>
...        <img src="data:image/png;base64,iVBOR…rMDk6MDB5Xh99AAAAAElFTkSuQmCC">
        </div>
```

4.8　static

staticディレクトリは、コンパイルしない静的なファイルを配置します。代表的なものでいえばrobots.txtやsitemap.xmlなどを配置します。

ここに配置されたものはルートURLつまり/でアクセスできます。

4.9　まとめ

この章では、各ディレクトリとその役割についてまとめました。Nuxt.jsはそれぞれのディレクトリに役割があり、それにしたがってファイルを配置していけば迷うことなくアプリケーションを作成できます。Vue.jsでアプリケーションを作る上でのレールが用意されているといえるでしょう。

また、このディレクトリ構成に従わず独自にディレクトリを作成しても問題ありません。どのディレクトリにも属さないと考えられるロジックなどをまとめるディレクトリは、別に定義すると保守性が上がると思われます。

第5章 ページコンポーネント

この章ではNuxt.jsのページコンポーネントについて解説します。Nuxt.jsではサーバーサイドレンダリングを行うために.vueファイルを拡張しています。ここではNuxt.jsにおけるページコンポーネントについて解説します。

5.1 コンテキスト

コンテキストはNuxt.jsのページコンポーネントで使用するオブジェクトです。主に引数として渡されます。

使用される場所は次のように挙げられます。

1. asyncDataメソッドの第一引数
2. fetchメソッドの第一引数
3. layoutをメソッドとして使用したときの第一引数
4. ミドルウェアとして定義した関数の第一引数

それぞれの場所で、コンテキストオブジェクトを通じてデータの更新などを行うことができます。

次にコンテキストオブジェクトの代表的な内容を挙げます。

app

Object型。Vueインスタンスのルートオブジェクト。全てのプラグインにここからアクセスします。

base

String型。ベースURL。

isClient

Boolean型。クライアントサイドでレンダリングされたらtrueになります。

isServer

Boolean型。サーバーサイドでレンダリングされたらtrueになります。

isStatic

Boolean型。アプリケーションが静的サイトジェネレータで出力されたものであればtrueになります。

isDev

Boolean型。開発モードで実行されたらtrueになります。

isHMR

Boolean型。Webpackのホットモジュールリプレイスメントで出力されていたらtrueになります。

route

Object型。vue-routerのインスタンス。

store

Object型。Vuexのストアオブジェクト。

env

Object型。nuxt.config.jsに定義したenvオブジェクトを参照できます。

params

Object型。routeオブジェクトのparamsのエイリアス。

query

Object型。routeオブジェクトのqueryのエイリアス。

req

http.Request。Node.jsのrequest。静的ファイルジェネレータで出力した場合は存在しません。

res

http.Response。Node.jsのresponse。静的ファイルジェネレータで出力した場合は存在しません。

redirect

関数。リダイレクトのための関数。他のルートにリダイレクトさせたい場合は、redirect（status, path, params）でリダイレクトさせます。

error

関数。エラーページを表示するときに使用する関数。error（{message, statusCode）で実行します。

各メソッドが実行されるときに、コンテキストオブジェクトを利用し適した処理を行います。

5.2 .vueファイルに追加されたオプション

第4章「ディレクトリ構成と役割」でも触れましたが、Nuxt.jsでは.vueファイルに独自の拡張を加えます。

.vueファイルは次のように書くことができます。

リスト5.1: index.vue

```
<script>
  export default {
```

第5章 ページコンポーネント | 53

```
    asyncData (params) {
      // コンポーネントにデータをセットする前に非同期な処理を行う
    },
    fetch () {
      // ページがレンダリングされる前にストアにデータをセットする処理を行う
    },
    head () {
      // アプリケーションのheadタグを設定する処理を書く
    },
    layout: 'layout-name',
    transition: 'transition-name',
    scrollToTop: true,
    validate () {
      // ルーティングパラメータのバリデーション
    },
    middleware: 'middleware-name'
  }
</script>
```

それぞれの属性について詳しく見ていきます。

5.2.1 asyncData

asyncDataはVuexのストアを使わずに、データを取得してdataオプションにセットして、レンダリングの事前処理をするときに使用します。asyncDataはページコンポーネントがロードされるたびに呼び出されます。サーバーサイドレンダリング時にも呼び出されます。

asyncDate内で取得したデータは、ページコンポーネントのdataとマージすることができできます。

asyncDateは次の方法で実装します。

1. Promiseを返す2. aync/awaitを使用する3. 第二引数としてコールバック関数を定義する

Promiseを返す

Promiseを返す実装を次に示します。

リスト5.2: index.vue

```
<template>
  <section>
    <h1>sample</h1>
    {{ title }}
  </section>
</template>
```

```
<script>
  export default {
    asyncData(params) {
      return new Promise((resolve, reject) => {
        // ここに非同期処理を書く
        resolve();
      }).then(() => {
        return {
          title: "sample_text"
        };
      });
    }
  };
</script>
```

return でdataオプションにマージするオブジェクトを返します。titleがtemplate内で使用されて次のように表示されることがわかります。

図5.1: sample_text と表示される

sample

sample_text

async/await を使用する

　同じ例を async/await を使用して実装を行います。

リスト5.3: index.vue

```
<template>
  <section>
    <h1>sample</h1>
    {{ title }}
  </section>
</template>

<script>
  async function fn() {
    return {
      title: "sample_text"
    };
  }

  export default {
    async asyncData(params) {
      const result = await fn();
      return result;
    }
  };
</script>
```

async/awaitで同期的にデータを取得し、dataオプションにセットしています。

コールバックを使用する

　同じ例をcallbackを使用して実装します。第一引数はエラーオブジェクト、第二引数にはマージするデータをセットします。

リスト5.4: index.vue

```
<template>
  <section>
    <h1>sample</h1>
    {{ title }}
  </section>
</template>

<script>
  async function fn() {
    return {
      title: "sample_text"
```

```
    };
  }

  export default {
    asyncData({ params }, callback) {
      fn().then(res => {
        callback(null, { title: res.title });
      });
    }
  };
</script>
```

5.2.2 fetch

fetchはページがレンダリングされる前にデータをstoreに入れるために使用されます。asyncDataと違うのはstoreを使用している点です。ここで定義された関数もページコンポーネントがロードされるたびに呼び出されます。

fetch関数は第一引数にコンテキストを受け取り、コンテキストを使用してデータをstoreに入れます。

リスト5.5: index.vue

```
<template>
  <section>
    <h1>sample</h1>
    {{ $store.state.title }}
  </section>
</template>

<script>
  export default {
    fetch ({ store, params }) {
      return axios.get('http://example.com/api/title').then(() =>
{
        store.commit('setTitle', { title: res.title })
      });
    }
  }
</script>
```

Vuexを用いている場合はfetchを活用するとよいでしょう。

5.2.3 head

headはページオブジェクトのレンダリング時のheadタグを設定するために使用します。内部的にはvue-meta[1]を使用して実装されています。

次のように実装します。

リスト5.6: index.vue

```
<script>
  export default {
    data () {
      return {
        title: 'head
      }
    },
    head () {
      return {
        title: this.title, // thisでdata属性にアクセスできます。
        meta: [
          { charset: 'utf-8' }, // metaは配列にオブジェクトを入れることで複数
定義できます
          { name: 'viewport', content: 'width=device-width,
initial-scale=1' }
        ]
      }
    }
  }
</script>
```

thisでdataオブジェクトにアクセスし、柔軟なheadを定義できます。

5.2.4 layout

layoutは2とおりの使い方ができます。

1. 文字列でlayoutを指定
2. 関数でコンテキストオブジェクトを受け取り動的に定義

使い方を次に示します。

リスト5.7: index.vue

```
<script>
export default {
```

1.vue-meta https://github.com/declandewet/vue-meta

58 | 第5章　ページコンポーネント

```
  layout: 'sample-layout',
  // または
  layout (context) {
    // コンテキストオブジェクトを受け取り動的にレイアウトを返すことができます。
    return 'sample-layout'
  }
}
</script>
```

5.2.5   scrollToTop

ページを遷移したときトップまでスクロールするかどうかを設定します。

trueであればトップまでスクロールし、falseであればデフォルトの挙動になります。通常に何も設定しなければfalseになります。

5.2.6   validate

validateには、動的なルーティングを行うコンポーネントのバリデーションメソッドを定義できます。バリデーションが通れば該当ページコンポーネントが描画され、通らなければエラーページが表示されます。

リスト 5.8: index.vue

```
<script>
export default {
  validate({ params, query, store }) {
    return true; // ここでtrueを返すとバリデーションが通ったことになります。
  }
};
</script>
```

validateの引数は次の3つがオブジェクトで渡されます

params

動的ルーティングのパラメータ

query

URLクエリパラメータ

store

Vuexのストアオブジェクト

渡されるパラメータによって柔軟にバリデーションを行えるようになります。

第5章　ページコンポーネント   59

5.2.7　middleware

middlewareには、ページコンポーネントのレンダリング時に使用するミドルウェアのファイル名を文字列か文字列の配列で定義します。middlewareディレクトリに配置したファイル名を指定します。

ミドルウェアについて詳しくは第8章「ミドルウェア」で細かく解説します。

5.2.8　transition

transitionプロパティはページ間のトランジションのデフォルト値を文字列かオブジェクトで設定することができます。

transitionプロパティは第3章「Nuxt.jsの設定について」のtransitionで解説した項目の設定が可能です。

nuxt.config.jsでの設定はグローバルで有効になってしまうため、コンポーネント単位でtransitionを上書きしたい場合に活用するとよいでしょう。

5.3　まとめ

この章ではNuxt.jsにおけるページコンポーネントについて解説しました。通常のVue.jsのコンポーネント開発とは違いNuxt.js独自のサーバーサイドレンダリングのための拡張がされていることが分かると思います。特にasyncDataやfetchはレンダリングする前の非同期処理を書くことができるという点では同じですが、asyncDataはコンポーネントのdataに値をセットできるのと、fetchはstoreに値をセットできるので違う動作をすることに注意しましょう。

60　第5章　ページコンポーネント

第6章　レイアウト

||||||||||||||||||||||||||||||||||||||||||||||||||||||||||||||||||||||||||||||||||||||||||||||||||||||||||||||||||||||||
本章ではNuxt.jsのレイアウトについて解説します。デフォルトのレイアウトについて、またレイアウトのカスタマイズ方法を紹介します。
||||||||||||||||||||||||||||||||||||||||||||||||||||||||||||||||||||||||||||||||||||||||||||||||||||||||||||||||||||||||

6.1　デフォルトレイアウト

デフォルトのレイアウトはdefault.vueという名前で作成します。レイアウトの中身は次のように記述します。

リスト6.1: defualt.vue

```
<template>
  <nuxt/>
</template>
```

<nuxt/>はNuxt.jsで定義されたコンポーネントでレイアウトファイルではない場合、ページコンポーネントを表示するために使用します。

6.2　エラーページ

エラーページはerror.vueという名前で作成します。エラーページで使用するため<nuxt/>を含めてはいけません。次のようにエラーページを記述します。

リスト6.2: error.vue

```
<template>
<div>
  <h1 v-if="error.statusCode === 404">ページが見つかりません</h1>
  <h1 v-else>エラーが発生しました</h1>
</div>
</template>
<script>
export default {
  props: ['error']
```

```
}
</script>
```

error.vueはpropsとしてerrorを受け取ります。errorオブジェクトは次の値を持ちます。

message

String型。エラーメッセージが入ります

path

String型。エラーが発生したパスが入ります

statusCode

Number型。エラーコードが入ります 例：404

statusCodeで表示するメッセージを分岐するなどして、それぞれのエラー時のページを表示します。

6.3 カスタムレイアウト

ページごとにカスタマイズしたレイアウトを作成することができます。レイアウトは<nuxt/>を必ず含みます。

書き方自体はデフォルトレイアウトと同じですが、レイアウトを指定するときはページコンポーネントのlayoutプロパティにカスタムレイアウトのファイル名を書きます。実装は次のように行います。

リスト6.3: article_layout.vue

```
<template>
<div>
  article layout
  <nuxt/>
</div>
</template>
```

リスト6.4: index.vue

```
<template>
<section>
  <h1>articles</h1>
</section>
</template>

<script>
export default {
  layout: "article_layout"
```

```
};
</script>
```

6.4 まとめ

本章ではレイアウトについて解説しました。ヘッダーやフッターなど共通で使いたいコンポーネントをここで設置し、共通レイアウトとして使い回すことで効果を発揮します。

レイアウトとはいえ.vueのシングルファイルコンポーネントなので、Vue.jsの機能を全て使うことができます。共通処理などもここに書くとよいでしょう。

第7章　プラグイン

||||||||||||||||||||||||||||||||||||||||||||||||||||||||||||||||||||||||||||||||||||||||||||||||||||||||||||||

Nuxt.jsではプラグインを定義することができます。プラグインとはルートのVue.jsアプリケーションがインスタンス化される前に実行されるプログラムです。主にVue.jsのプラグインを使用するときや、グローバルで使用したい処理などがある場合に有効に使用できます。

||||||||||||||||||||||||||||||||||||||||||||||||||||||||||||||||||||||||||||||||||||||||||||||||||||||||||||||

7.1　プラグインとは

　プラグインとは、アプリケーションをインスタンス化する前に実行したいプログラムのことです。

　グローバルで使用したいコードや、OSSのVue.jsのプラグインなどを使用する際に使用します。

　プラグインを作成するときは次のように記述します。

リスト7.1: plugins/my-plugin.js

```
import Vue from 'vue'
// Vue.jsアプリケーションがインスタンス化される前に行いたい処理
```

リスト7.2: nuxt.config.js

```
module.exports = {
  plugins: ['~/plugins/my-plugin.js'] // pluginの場所を指定する。
}
```

7.2　OSSのVueプラグインを使用する場合

　Vue.jsを使用する際、OSSのプラグインを使用する場合はVue.jsアプリケーションのインスタンスが作成される前にプラグインを登録する必要があります。その場合もNuxt.jsのプラグインの仕組みを使用します。

　element-uiを使用する場合の例を次に示します。

64　第7章　プラグイン

リスト 7.3: plugins/element.js

```
import Vue from 'vue'
import Element from 'element-ui'
import 'element-ui/lib/theme-chalk/index.css';

Vue.use(Element)
```

リスト 7.4: nuxt.config.js

```
module.exports = {
  plugins: ['~/plugins/element.js']
}
```

これを読み込んだ状態で element-ui のコンポーネントを使用してみます。

リスト 7.5: layouts/default.vue

```
<template>
  <el-container>
    <el-header>
      <h1>ElementHeader</h1>
    </el-header>
    <nuxt/>
  </el-container>
</template>
```

図 7.1: element-ui のコンポーネントが使用されていることが分かる

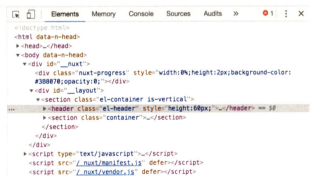

インスタンス化する前に適用したいプラグインはこのように設定を行います。

7.3 アプリケーションのルートやcontextに挿入する

アプリケーションのコンテキストやルートコンポーネントから参照したい要素を加えたい場合は、pluginファイル内で関数を公開することで設定できます。

関数公開の例を次に示します。

リスト7.6: plugins/my-plugin.js

```
export default (context, inject) => {
  // contextはアプリケーションのコンテキストのオブジェクト
  // injectは関数。この関数を使用することでコンポーネント内でアクセスできる要素を追加できる
  inject('console', (data) => { console.log(data) })
}
```

inject関数で要素を追加しました。これを実行する例を次に示します。

リスト7.7: components/AppLogo.vue

```
<script>
export default {
  created() {
    this.$console('hoge')
  }
}
</script>
//>

//image[06_02][実行時の結果]{
```

inject関数の第一引数で渡した名前の戦闘に$をつけることで呼び出すことができます。グローバルで呼び出したい関数などを登録する時に便利です。

7.4 クライアントサイドでのみプラグインを利用したい場合

プラグインによってはクライアントサイドでのみ使用したいものもあると思います。プラグインはクライアントサイドとサーバサイド両方呼ばれるので、不要なプラグインは呼ばれないようにしましょう。

そのような場合はnuxt.config.jsでのプラグイン読みこみを次のように設定します。

リスト7.8: nuxt.config.js

```
module.exports = {
  plugins: [
```

```
    {
      src: '~/plugins/my-plugin.js',
      ssr: false
    }
  ]
}
```

　以上のように読みこみの設定を行うと、クライアントサイドでのみプラグインの読みこみが可能です。

7.5　サーバサイドでのみプラグインを利用したい場合

　逆にサーバサイドでのみプラグインの使用をしたいケースもあると思います。その場合はprocess.server変数を使用することでサーバサイドかどうかを判定し分岐することで実現できます。

　process.server変数はサーバサイドの場合にのみtrueになります。if文等で分岐をさせることで実現していきます。

リスト7.9: plugins/my-plugin.js

```
export default (obj, inject) => {
  if (process.server) {
    console.log('in server')
  }
}
```

　プラグインファイルの読みこみ自体は行われてしまいますが、これで処理は実現されます。

7.6　まとめ

　Nuxt.jsのプラグイン機能について紹介しました。Vue.jsのアプリケーションがインスタンス化される前に実行したい処理がある場合や、コンポーネント内で共通して使用したい関数を作成したい場合は活用していくとよいでしょう。

第8章 ミドルウェア

||||||||||||||||||||||||||||||||||||||||||||||||||||||||||||||||||||||||||||||||||||||||||||||||||||||||||||||||
本章ではNuxt.jsのミドルウェアについて解説します。ミドルウェアがどう動くのか、作成する
にはどうすればよいかを見ていきます。
||||||||||||||||||||||||||||||||||||||||||||||||||||||||||||||||||||||||||||||||||||||||||||||||||||||||||||||||

8.1 ミドルウェアとは

ミドルウェアとは、ページがレンダリングするよりも前に実行される関数です。たとえば次
のようにconsole.logで出力する関数を定義してみます。

リスト8.1: visit.js

```
export default function () {
  // 関数として公開
  console.log('visit')
}
```

これを使用するために、ページコンポーネントのmiddlewareキーにファイル名を記入します。

リスト8.2: index.vue

```
<script>
export default {
  middleware: ["visit"]
};
</script>
```

すると、このコンポーネントをレンダリングするたびにconsole.logが呼び出され、Nuxt.jsを
実行したコンソール上でvisitと表示されます。

8.2 ミドルウェアを実装する

ミドルウェアの実装法について解説します。

68 第8章 ミドルウェア

8.2.1　ミドルウェアの実行順序

ミドルウェアの実行は次のような順番です。

1．nuxt.config.jsで設定されたミドルウェア

2．レイアウトファイルで設定されたミドルウェア

3．ページコンポーネントで設定されたミドルウェア

ミドルウェアの適用範囲に応じて設定するとよいでしょう。

8.2.2　関数に渡される引数について

ミドルウェアとして定義した関数は第一引数としてコンテキストオブジェクトを受け取ります。コンテキストオブジェクトを利用し、コンポーネント内のデータを操作できます。コンテキストオブジェクトについては第5章「ページコンポーネント」を参照してください。

コンテキストオブジェクトからはstoreオブジェクトなどを取得することができるので、幅広い前処理が可能です。

storeオブジェクトを利用した簡単な例を示します。

リスト8.3: middleware-store.js

```
export default function ({ store }) {
  store.commit('HOGE', 'hoge')
}
```

8.2.3　非同期に実行したい場合

ミドルウェアを非同期に実行することも可能です。ミドルウェアを非同期に実行するにはpromiseを返すように実装します。

リスト8.4: middleware-promise.js

```
import axios from 'axios'

export default function ({ route }) {
  return axios.post('http://example.com/visit', {
    url: route.fullPath // 訪れたURLをpostしている
  })
}
```

注意すべき点としては、ページは全てのミドルウェアを実行してからページをレンダリングするということです。例として待ちが発生するミドルウェアを2つ紹介します。

リスト 8.5: promise_01.js

```
export default function () {
  return new Promise(function (resolve, reject) {
    setTimeout(resolve, 3000);
  });
}
```

リスト 8.6: promise_02.js

```
export default function () {
  return new Promise(function (resolve, reject) {
    setTimeout(resolve, 5000);
  });
}
```

これを使用するページは約8秒間待つことになります。実際の結果を次に示します。

図8.1: 約8秒待つことが分かる。

```
nuxt:render Data fetching /: 8013ms +0ms
nuxt:render Rendering url /sw.js +10s
```

あまり時間のかかる処理をミドルウェアに書くべきではないでしょう。

8.3 まとめ

この章ではミドルウェアについて解説しました。

気をつけなければいけないのは、middleware はサーバサイド側で実行されるという点です。クライアントサイドで使えるような関数（alert 等）は使えないことに気をつけましょう。

用途としてはページがレンダリングされるより前の認証処理を実行するさいに使用するのがよいでしょう。

70   第8章　ミドルウェア

第9章　ストア

||||||||||||||||||||||||||||||||||||||||||||||||||||||||||||||||||||||||||||||||||||||||||||||||||||||||||||||||||||||||||||
本章ではストアについて解説します。Nuxt.jsにおけるストアは通常のVuexのストアと使用感
は変わりませんが、Nuxt.js向けに拡張が施されています。
||||||||||||||||||||||||||||||||||||||||||||||||||||||||||||||||||||||||||||||||||||||||||||||||||||||||||||||||||||||||||||

9.1　ストアの使い方

　Nuxt.jsでのストアは、storeディレクトリにファイルを配置します。後述するクラシックモー
ドとモジュールモードそれぞれの規約でファイルを配置します。

　ストア自体の使い方はVuexを普通に使う場合と変わりません。Vuexを使ったことがあれば
同じ使用感で使うことができ、Vuexのプラグイン等も作成し使用することができます。

　また、Nuxt.jsではVuexをクラシックモードとモジュールモードで使用することができます。

9.1.1　クラシックモード

　クラシックモードはindex.jsをstoreディレクトリに作ります。その中でVuexを読みこみ作
成したstoreをexportします。次のように書くと1つのファイルでストアを管理するクラシック
モードにおけるVuexの使用法になります。

リスト9.1: index.js

```javascript
import Vuex from 'vuex'

const store = () => new Vuex.Store({

  state: {
    counter: 0
  },
  mutations: {
    increment(state) {
      state.counter++
    }
  }
})
```

```
export default store
```

あまり規模の大きくないアプリケーションの場合はクラシックモードで十分機能を果たします。

9.1.2 モジュールモード

モジュールモードはファイルごとにストアを定義することができます。ファイルごとにstate・mutations・actionsをexportします。

リスト9.2: article.js

```
export const state = () => ({
  body: ""
})

export const mutations = {
  update (state, text) {
    state.body = text
  },
}

export const actions = {
  update (state, text) {
    context.commit({
      type: 'update',
      text: text
    })
  }
}
```

アプリケーションの規模が大きくなり管理すべき状態が多くなったときは、モジュールモードを活用するとよいでしょう。

9.2　プラグインの作成

通常のVuex同様、プラグインの作成と使用が可能です。ただしモジュールモードでしか使用できない点には注意が必要です。

プラグインをストアに追加する例を次に示します。

リスト9.3: store/index.js

```
import myPlugin from 'my-plugin'

// pluginsをexportすることで使用できるようにする
export const plugins = [ myPlugin ]

export const state = () => ({
  // 任意のstate
})

export const mutations = {
  // 任意のmutation
}
```

Vuexのプラグインについては公式のドキュメント[1]を参照するとよいでしょう。

9.3 まとめ

この章ではストアについて解説しました。基本的にはVuexの使い方と違いはありません。ク
ラシックモードとモジュールモードの使い分けだけしっかりと抑えるとよいでしょう。

1.Vuex プラグイン https://vuex.vuejs.org/ja/guide/plugins.html

第10章 モジュール

Nuxt.jsを拡張するための仕組みとしてモジュールシステムも存在し、OSSのモジュールをnpmでインストールして活用することができます。またモジュールを作成し公開することも可能です。本章ではモジュールの作成法についても触れていきます。

10.1 OSSのモジュールを使用する

OSSのモジュールであるmarkdown-it[1]を使用してみます。まずはnpmでインストールします。

```
$ npm install @nuxtjs/markdownit
```

nuxt.config.jsのmodulesプロパティに該当モジュールをパッケージ名で追加します。

リスト10.1: nuxt.config.js

```
module.exports = {
  modules: [
    '@nuxtjs/markdownit'
  ]
}
```

markdown-itを使用するページを作成します。

リスト10.2: pages/markdown.vue

```
<template lang="md">
  # Hello World!

  * hoge
  * fuga
</template>
```

1.@nuxtjs/markdownit https://github.com/nuxt-community/modules/tree/master/packages/markdownit

```
<script>
export default {
}
</script>
```

　markdown-itを読み込んだのでlang="md"が使用可能になっています。次のようなページが表示できます。

図10.1: markdown-itによってレンダリングされたmarkdown

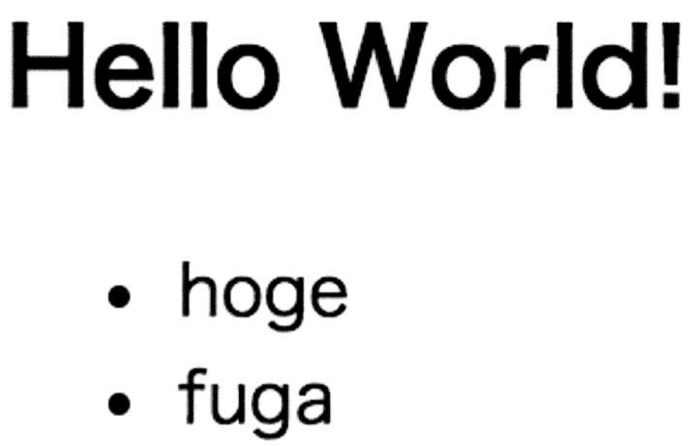

Hello World!

- hoge
- fuga

　OSSのモジュールはnuxt.config.jsで設定できる項目に拡張を加えます。markdown-itの場合はmarkdownitプロパティをnuxt.config.jsに追加します。

リスト10.3: nuxt.config.js

```
module.exports = {
  modules: [
    '@nuxtjs/markdownit'
  ],
  markdownit: {
    injected: true
  }
}
```

　injectedプロパティをtrueにしています。このオプションをtrueにすると$mdが使えるようになります。$mdを使う例を次に示します。

リスト10.4: page/index.vue

```
<template>
```

第10章　モジュール　75

```html
  <section class="container">
    <h1>Sample</h1>
    <div>
      <textarea v-model="model"/>
      <div v-html="$md.render(model)"></div>
    </div>
    <div>
      <nuxt-link to="/markdown">
        markdown
      </nuxt-link>
    </div>
  </section>
</template>

<script>
export default {
  data() {
    return {
      model: ""
    }
  }
}
</script>
```

図 10.2: $md.render で markdown エディタの作成

Sample

```
# hogehoge
hogehoge
```

hogehoge

hogehoge

markdown

これで簡単な markdown エディタを作成することができます。

このように OSS のモジュールを使用すると nuxt.config.js で設定できる項目が増えます。各モジュールで設定できる項目は GitHub の README などに書いてあるのでそこを確認して設定していきましょう。

10.2　モジュールの作成方法

OSS のモジュールを使わずに自分で作成することも可能です。独自のモジュールは関数で提供します。簡単な例を次に示します。

リスト 10.5: modules/my-module.js

```javascript
module.exports = function MyModule(moduleOptions) {
  // ここに処理を書いていきます
}
```

第 10 章　モジュール　77

リスト10.6: nuxt.config.js

```
module.exports = {
  modules: [
    '~/modules/my-module', // モジュールの場所を指定します。
    ['~/modules/my-module', { option: 'option' }] // モジュールにオプ
ションを渡す場合は配列で渡す
  ]
}
```

　モジュールの関数の第一引数で渡されるmoduleOptionsはnuxt.config.jsでモジュールを設定するときのオプションが渡されます。

　モジュールはNuxt.jsのコア機能を拡張するための仕組みが多く用意されています。独自モジュールを作成し外部に公開することもできます。

　本書ではモジュールの作成について多くは触れませんが、興味がある場合は公式のドキュメント[2]を参考にするとよいでしょう。

10.3　まとめ

　本章ではモジュールについて解説しました。OSSのモジュールを使用することでNuxt.jsの機能を大きく拡張することが可能です。

　モジュールについてはawesome nuxtのリポジトリ[3]にオフィシャルでサポートされているモジュールの一覧が公開されているので、どのようなモジュールがあると確認するとよいでしょう。

---

2. モジュール https://ja.nuxtjs.org/guide/modules

3.awesome nuxt https://github.com/nuxt-community/awesome-nuxt

第11章 コマンド

||||||||||||||||||||||||||||||||||||||||||||||||||||||||||||||||||||||||||||||||||||||||||||||||||||||||||||
本章ではNuxt.jsの開発で使用するコマンドや、プロダクション環境で使うためのコマンドを解説していきます。
||||||||||||||||||||||||||||||||||||||||||||||||||||||||||||||||||||||||||||||||||||||||||||||||||||||||||||

11.1 nuxt

```
$ nuxt
```

nuxtコマンドを単体で使用すると開発サーバーを起動します。開発サーバーはデフォルトではlocalhost:3000で起動します。

このコマンドで実行したサーバーは、ソースコードに変更があるとホットリロードを行い即座に変更が反映されます。開発はこのコマンドからはじまります。頻繁なソースコードの更新を行うとうまく動かないことがあるので、その場合は一度開発サーバーを停止するとよいでしょう。

nuxtコマンドにはオプションを追加することができます。設定できるオプションを次に示します。

--config-file -c
nuxt.config.jsへのファイルパスを指定します。

--spa -s
サーバサイドレンダリングモードを不可にし、SPAでアプリケーションを動作させます。

11.2 nuxt build

```
$ nuxt build
```

アプリケーションをWebpackでビルドします。javaScriptとCSSをプロダクション用にビルドします。.nuxtにビルド結果を出力します。

このコマンドはnuxt startのまえに実行する必要があります。本番にデプロイする前に実行するように、デプロイスクリプトに書くことになります。

第11章 コマンド 79

11.3 nuxt start

```
$ nuxt start
```

プロダクションモードでサーバーを起動します。プロダクションモードでもlocalhost:3000で起動します。

11.4 nuxt generate

```
$ nuxt generate
```

Nuxt.jsの特徴的な機能である静的ファイルジェネレータの機能を使う際に使用するコマンドです。generateで出力されたファイルはdistディレクトリに出力されます。静的ファイルをデプロイする場合はdistディレクトリに出力された成果物を使用します。

11.5 まとめ

この章ではNuxt.jsのコマンドについて解説しました。それぞれのコマンドについては--helpオプションで細かい使い方の詳細を確認することができます。

主に使用するコマンドはpackage.jsonのscriptに定義するとよいでしょう。

第12章　Nuxt.jsでのWebアプリケーション開発

本章ではNuxt.jsのアプリケーション開発について解説していきます。Nuxt.jsでのアプリケーションは、Nuxt.jsをフロントエンドのサーバーとして使いサーバーサイドレンダリングをさせる方法や、静的ファイルジェネレータで静的ファイルを出力して使う方法などがあります。ここではそれぞれの場合について解説します。

12.1　Nuxt.jsをフロントエンドサーバーとして使う方法

　Nuxt.jsをフロントエンドサーバーとして使用しサーバーサイドレンダリングを行う場合は第11章「コマンド」でも解説したnuxt startを使用してサーバーを起動します。

　バックエンドは任意のプログラムで書くことができます。今回の例では簡単にRubyのWebアプリケーションフレームワークsinatoraで実装を行っています。

　まずはプロジェクトのディレクトリ構成を示します。

ディレクトリ構成

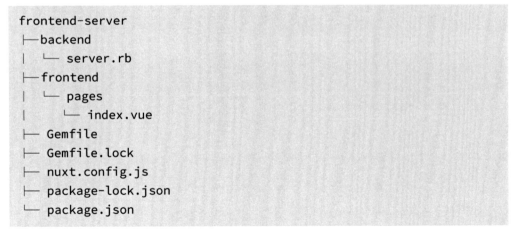

```
frontend-server
├─backend
│  └─ server.rb
├─frontend
│  └─ pages
│      └─ index.vue
├─ Gemfile
├─ Gemfile.lock
├─ nuxt.config.js
├─ package-lock.json
└─ package.json
```

　ルートディレクトリには各種設定ファイルを置きます。backendディレクトリにはバックエンドのプログラム、frontendディレクトリにはNuxt.jsの規約に従ったディレクトリ構成でのプログラムが配置されます。

ディレクトリ構成については、各プロジェクトで最適な解があるはずなので深くは触れません。プロジェクトの性質によっては、フロントエンドとバックエンドそれぞれのリポジトリを作成する場合などがあると考えられます。今回の例では簡略化のために、ひとつのプロジェクトのリポジトリにバックエンドとフロントエンド両方のプログラムを配置し管理する構成で説明します。

まずは依存パッケージのインストールを忘れずに行います。

```
$ bundle install
$ npm install
```

次にバックエンドのコードです。バックエンドのコードはシンプルにHello worldを返すだけです。

リスト12.1: backend/server.rb

```
require 'sinatra'

get '/' do
  'Hello world'
end
```

この状態で次のコマンドを実行し、localhost:4567でHello worldと表示されれば大丈夫です。

```
$ bundle exec ruby backend/server.rb
```

図12.1: sinatora で Hello world と表示される

Hello world

次にフロントエンドのコードです。まずはnuxt.config.jsの設定から見ていきます。

リスト12.2: nuxt.config.js

```
module.exports = {
  srcDir: './frontend',
  modules: [
    '@nuxtjs/axios',
  ],
}
```

　srcDirオプションで、アプリケーションのソースディレクトリをfrontendディレクトリに変更しています。この設定を行うと、frontendディレクトリ以下にNuxt.jsの規約に沿ったディレクトリ構成を構築することになります。今回はaxiosを使いたかったので、公式モジュールの@nuxt/axiosを導入しています。これによりapp.$axiosでaxiosを使用できます。

　次にページコンポーネントのコードです。

リスト12.3: frontend/index.vue

```
<template>
  <div>
    hoge
    <div>
      {{ fetch_data }}
    </div>
  </div>
</template>

<script>
export default {
  data() {
    return {
      fetch_data: ""
    }
  },
  async asyncData({ app }) {
    const hello_world = await
app.$axios.$get('http://localhost:4567')
    return {
      fetch_data: hello_world
    }
  }
}
</script>
```

第12章　Nuxt.jsでのWebアプリケーション開発 | 83

dataオプションでfetch_dataという状態をもつようにしています。ポイントはasyncDataでバックエンドのデータを取得してfetch_dataにセットしているところです。これでページをレンダリングする前にデータを取得し、データをセットした状態でサーバーサイドレンダリングされるようになります。

Nuxt.jsを次のコマンドで実行し、意図どおりの挙動をするか確認します。

```
$ nuxt start
```

図12.2: fetch_dataに値がセットされていることが分かる

hoge
Hello world

ブラウザ上では意図どおりに表示されていることが分かりました。しかし、これではサーバーサイドレンダリングされているかどうかがわからないので、responseで値がセットされた状態のHTMLが帰ってきているかどうかをcurlで確認してみます。

```
$ curl localhost:3000
$ curl localhost:3000
<!DOCTYPE html>
<html data-n-head-ssr data-n-head="">
  <head>
   <!-- head内は省略 -->
  </head>
  <body data-n-head="">
    <div data-server-rendered="true" id="__nuxt">
      <div class="nuxt-progress"
style="width:0%;height:2px;background-color:black;opacity:0;"></div>
      <div id="__layout">
```

```
    <div>
        hoge
        <div>
          Hello world <!-- Hello world 付きで返ってきていることが分かる-->
        </div>
      </div>
    </div>
  </div>
  <!-- scriptタグは省略 -->
 </body>
</html>
```

curlで取得することにより、responseの時点でHello worldがレンダリングされていることが分かります。

このようにNuxt.jsをフロントサーバーとして実行してサーバーサイドレンダリングをするには、asyncDataで非同期にデータを取得してセットするだけでできることが分かると思います。

12.2　静的ファイルジェネレータで出力したものをホスティングサービスで利用する

Nuxt.jsには静的ファイルジェネレータの機能があります。静的ファイルをホスティングサービスにデプロイすることでWebアプリケーションを作成することができます。インフラをホスティングサービス側に寄せることができるので、インフラを構築する余裕がない場合は有力なアプリケーション構築方法です。

今回はfirebase hostingを利用してWebアプリケーションを作成します。まずは次のコマンドでプロジェクトを作成します。

```
$ vue init nuxt-community/starter-template static-site
```

今回はサンプルのプロジェクトをそのまま使用します。

次にfirebaseのプロジェクトを作成します。

図 12.3: firebase のダッシュボード

図 12.4: プロジェクトの作成

これでホスティングサービスの準備は整いました。次にホスティングサービスにデプロイするための設定を行います。

まずはデプロイするためのパッケージのインストールを行います。

```
$ npm install -g firebase-tools
$ firebase --version
3.18.4
```

ローカルにfirebaseを操作するためのパッケージをインストールしました。firebaseをコマンドラインから操作するためにログインする必要があります。

```
$ firebase login
```

コマンドを実行するとブラウザが立ち上がり、Google認証で認証を行います。

図12.5: firebaseへのログイン

図12.6: ログイン成功

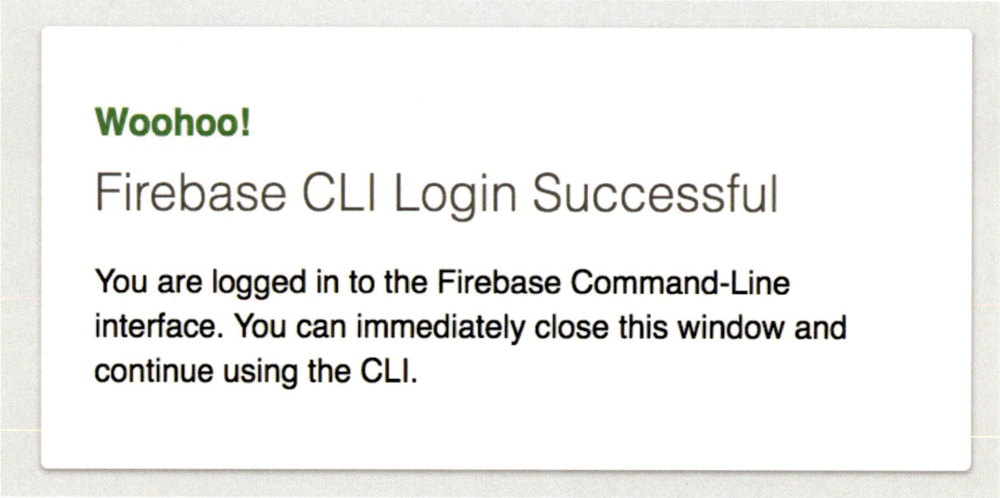

これでコマンドラインから操作できるようになりました。次にfirebaseプロジェクトの初期化をコマンドから行っていきます。次のコマンドで初期化を行います。

```
$ firebase init
```

図12.7: 初期化するfirebaseのサービスを選択

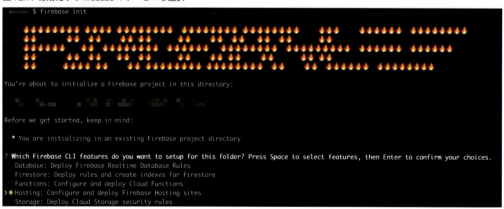

図 12.8: firebase 上で作ったプロジェクトを選択

```
=== Project Setup

First, let's associate this project directory with a Firebase project.
You can create multiple project aliases by running firebase use --add,
but for now we'll just set up a default project.

? Select a default Firebase project for this directory:
  [don't setup a default project]



> NuxtTest (                     )


  [create a new project]
```

図 12.9: デプロイ対象のディレクトリを入力

```
=== Hosting Setup

Your public directory is the folder (relative to your project directory) that
will contain Hosting assets to be uploaded with firebase deploy. If you
have a build process for your assets, use your build's output directory.

? What do you want to use as your public directory? dist
? Configure as a single-page app (rewrite all urls to /index.html)? (y/N) N
```

　コマンドを実行すると.firebase.rc と firebase.json が出力されます。

リスト 12.4: .firebaserc

```
{
  "projects": {
    "default": "デプロイ対象のプロジェクトID"
  }
}
```

リスト 12.5: firebase.json

```
{
  "hosting": {
    "public": "dist", // デプロイする対象のディレクトリ
    "ignore": [ // 無視するファイル
      "firebase.json",
      "**/.*",
```

第 12 章　Nuxt.js での Web アプリケーション開発　89

```
      "**/node_modules/**"
    ]
  }
}
```

これでfirebase hostingへデプロイできるようになります。

デプロイするためのファイルを次のコマンドで出力します。

```
$ nuxt generate
```

distディレクトリに静的ファイルが出力されます。出力されたファイルをfirebase hostingに
デプロイするために次のコマンドを実行します。

```
$ firebase deploy

=== Deploying to 'デプロイ対象のID'...

i  deploying hosting
i  hosting: preparing dist directory for upload...
   hosting: 2 files uploaded successfully

   Deploy complete!

Project Console: https://console.firebase.google.com/project/デプロ
イ対象のID/overview
Hosting URL: https://デプロイ対象のID.firebaseapp.com
```

デプロイが成功したらURLが出力されます。このURLをブラウザで表示すると次のように
表示されます。

図12.10: サンプルプロジェクトの画面が表示される

サンプルプロジェクトが静的サイトとしてデプロイされていることが分かります。

静的サイトとしてデプロイされているとはいえ、Vue.js・vuex・vue-routerが実装されたSPAなので、外部のAPI等を利用することによりWebアプリケーションを構築することができます。

firebaseの場合はAuthenticationやCloud Firestoreなどを使用することにより、ログイン機能やDBの機能をJavaScriptから使用することができるので静的サイトでありつつ高機能なサービスを構築することができます。

12.3 expressのミドルウェアとして使用する場合

Nuxt.jsはExpressのミドルウェアとして使用することも可能です。Expressのミドルウェアとして使う例を次に示します。

ディレクトリ構成

```
with-express
```

```
├─frontend
│    └─ pages
│        └─ index.vue
├─ index.js
├─ nuxt.config.js
├─ package-lock.json
└─ package.json
```

リスト 12.6: ./index.js

```
const app = require('express')()
const { Nuxt, Builder } = require('nuxt')

const host = 'localhost'
const port = 3000

const config = require('./nuxt.config.js')
config.dev = true

const nuxt = new Nuxt(config)

const builder = new Builder(nuxt)
builder.build()

// express と組み合わせています
app.use(nuxt.render)

app.listen(port, host)
console.log('Server listening on ' + host + ':' + port)
```

リスト 12.7: nuxt.config.js

```
module.exports = {
  srcDir: './frontend',
}
```

リスト 12.8: ./pages/index.vue

```
<template>
  <div>
```

```
    index
  </div>
</template>

<script>
export default {
}
</script>
```

　このようにExpressと組み合わせることによりバックエンドはExpress、フロントエンドは
Nuxt.jsとそれぞれの強みを活かした構成でアプリケーション開発を行うことができます。

　通常のビュー開発でNuxt.jsの強力なサーバーサイドレンダリングの機能を活用することがで
きる上にExpressだけプロセスを動かせばよいため、インフラ構築もシンプルになるのが魅力
的です。

12.4　まとめ

　フロントエンドサーバーとしてNuxt.jsを使用する方法と、静的ファイルを出力しホスティン
グサービスにデプロイする方法、Expressと組み合わせる方法を解説しました。

　Nuxt.jsの活用方法はこれまで見てきたように幅広いので、プロジェクトに応じた利用を行っ
ていくとよいでしょう。

付録A Nuxtバージョン2について

本書で解説しているのはNuxt.jsの1.4系になります。Nuxt.jsは近くメジャーバージョンが2に上がります。その際、1.4系との差分があることに気をつけねばなりません。本章ではNuxt.jsのバージョン2の差分をいくつかピックアップします。

A.1 webpackがバージョン4になる

まず大きな変更はwebpackがバージョン4になることです。バージョンが4になることでビルド時間が短くなり、extendオプションでwebpackバージョン4の設定を書くことが可能になります。

サンプルとして、次のコードでNuxt.jsのバージョン2のデフォルトの設定を見てみます。

リストA.1: nuxt.config.js

```
module.exports = {
  build: {
    extend(config, object) {
      console.log(config)
    }
  }
}
```

クライアント側の設定は次のように出力されます。

リストA.2: webpackの設定

```
{
        name: 'client',
        mode: 'development',
        optimization: {
                splitChunks: {
                        chunks: 'all',
                        automaticNameDelimiter: '.',
                        name: true,
```

```
                cacheGroups: [Object]
            }
    },
    output: {
            path:
'/your/own/path/hello_nuxt_sample_code/v2/.nuxt/dist',
            filename: '[name].js',
            chunkFilename: '[name].js',
            publicPath: '/_nuxt/'
    },
    performance: {
            maxEntrypointSize: 1024000,
            hints: false
    },
    resolve: {
            extensions: ['.wasm', '.mjs', '.js', '.json',
'.vue', '.jsx'],
            alias: {
                    '~': '/your/own/path/frontend',
                    '~~': '/your/own/path/v2',
                    '@': '/your/own/path/v2/frontend',
                    '@@': '/your/own/path/v2',
                    assets:
'/your/own/path/v2/frontend/assets',
                    static:
'/your/own/path/v2/frontend/static'
            },
            modules: ['node_modules',
                    '/your/own/path/v2/node_modules',

'/your/own/path/v2/node_modules/nuxt/node_modules'
            ]
    },
    resolveLoader: {
            modules: ['node_modules',
                    '/your/own/path/v2/node_modules',

'/your/own/path/v2/node_modules/nuxt/node_modules'
            ]
    },
    module: {
            noParse: RegExp {},
```

付録A　Nuxtバージョン2について 95

```
        rules: [
                // 省略
        ]
},
plugins: [TimeFixPlugin {
                watchOffset: 11000
        },
        VueLoaderPlugin {},
        WarnFixPlugin {},
        WebpackBarPlugin {
                profile: undefined,
                handler: [Function],
                options: [Object],
                _render: [Function],
                logUpdate: [Function]
        },
        HtmlWebpackPlugin {
                options: [Object]
        },
        HtmlWebpackPlugin {
                options: [Object]
        },
        VueSSRClientPlugin {
                options: [Object]
        },
        DefinePlugin {
                definitions: [Object]
        },
        HotModuleReplacementPlugin {
                options: {},
                multiStep: undefined,
                fullBuildTimeout: 200,
                requestTimeout: 10000
        },
        FriendlyErrorsWebpackPlugin {
                compilationSuccessInfo: {},
                onErrors: undefined,
                shouldClearConsole: true,
                logLevel: 1,
                formatters: [Array],
                transformers: [Array]
        }
```

```
    ],
    entry: ['webpack-hot-middleware/client',
            '/your/own/path/v2/.nuxt/client.js'
    ]
}
```

webpackのバージョン4で追加されたmodeオプションや、optimizationオプションが追加されていることが分かると思います。必要に応じてこの部分を書き換えることで今までどおりwebpackの拡張を行うことができます。

A.2　nuxt.config.jsの設定でvendorオプションがなくなる

今までOSSのライブラリを使用するとき、vendorオプションの中にパッケージ名を指定することでvendor.hash.js内で読み込むように設定していました。Nuxt.jsバージョン2では指定しなくとも自動的にvendorを扱うファイルにバンドルされ、個別に指定する必要がなくなります。

nuxt buildでビルドをおこなうと次のように出力されます。

```
Hash: 6888c04bd30024f7c21d
Version: webpack 4.15.1
Time: 17837ms
Built at: 2018-07-08 14:35:36
                          Asset       Size  Chunks
Chunk Names
 fonts/element-icons.6f0a763.ttf   10.8 KiB          [emitted]
fonts/element-icons.2fad952.woff   6.02 KiB          [emitted]
       c5e7d6b537394e5f95ad.js   357 bytes       0  [emitted]
pages/index
       0ee596d3a08f34221fc1.js    770 KiB        1  [emitted]
[big]   vendors.main
       6c4695befa8d6473eb45.js    136 KiB        2  [emitted]
commons
       58e98dc9467e36948cad.js   26.3 KiB        3  [emitted]
main
                       LICENSES   1.12 KiB          [emitted]
```

OSSなどの追加パッケージは自動的にvendors.mainにバンドルされます。

A.3　buildオプションにsplitChunksが追加される

Nuxt.jsはnuxt buildを行うと複数のファイルに役割ごとにバンドルされます。バンドルされるファイルを制御するオプションであるbundle.splitChunksが追加されます。

splitChunksで設定できる項目を次に示します。

layout

Boolean型。trueの場合layoutファイルを分割する

name

Boolean型。trueの場合productionでビルドした際チャンク名の一部をビルドしたファイルに使用される

runtimeChunk

Boolean型。trueの場合ランタイムで使用するチャンクがmainチャンクにバンドルされず別ファイルとして出力される

A.4 nuxt.config.js内でES Moduleが使用できるようになる

今までnuxt.config.js内ではCommonJSのrequireでパッケージを読み込むことしかできませんでしたが、Nuxt.jsのバージョン2ではES Moduleの形式であるimportを使用することが可能になります。

A.5 その他ブレーキングチェンジ

その他のブレーキングチェンジを次に示します

・context.isServerが削除されprocess.serverを使用するようになる

・context.isClientが削除されprocess.clientを使用するようになる

・build.extend()の第二引数のoptions.devが廃止される

A.6 まとめ

Nuxt.jsのバージョン2の差分について紹介しました。本稿を執筆している現在まだNuxt.jsのバージョン2はリリースされていません。なので、ここで示した他にも大きな変更が発生する可能性があることに注意してください。

98 | 付録A　Nuxtバージョン2について

おわりに

　ここまで、Nuxt.jsの概要について解説してきました。中でも本書ではNuxt.jsのディレクトリ構成や設定、拡張されたコンポーネントやplugin。moduleでの拡張など、基本的なところを中心に解説しています。Nuxt.jsの強力な機能や、他のアプリケーションとの組み合わせ方など、活用の幅が広いことが紹介できたと思います。

　Nuxt.jsはVue.jsでのフロントエンド開発におけるレールが敷かれているのが他のフレームワークと違う大きな特徴です。ディレクトリや配置するファイルの役割さえ分かればアプリケーション開発を素早く行うことが可能です。規約によってディレクトリの役割が別れていることは、他の開発者とのコミュニケーションにも役に立ちます。大規模なアプリケーションになるほど導入したいフレームワークだと筆者は考えています。

　Vue.jsはイージーなフレームワークです。Vue.jsをコアに組み込んだNuxt.jsもVue.jsの思想をくんだ使いやすいフレームワークだといえます。アプリケーション開発を素早く行えるこれらの技術は、現場での開発をより効率的にしてくれるでしょう。

　さらにNuxt.jsを有効に活用したい場合は公式ガイド[1]を閲覧しステップアップしてください。

1.Nuxt.js 日本語ガイド https://ja.nuxtjs.org/guide

著者紹介

那須 理也 (なす まさや)

Webアプリケーションエンジニア。大学卒業後、老舗ソフトハウスに3年間勤務し、クラウドソーシングサービスを提供する企業に転職。そこで主に Ruby on Rails を活用しサービス開発を行っている。JavaScriptで作る動きのあるサービス開発が好みだが、最近の仕事はインフラ業務多め。多趣味。著書に「Hello! Vue.js」(インプレスR&D) がある。

◎本書スタッフ
アートディレクター/装丁：岡田章志＋GY
編集協力：飯嶋玲子
デジタル編集：栗原 翔

技術の泉シリーズ・刊行によせて
技術者の知見のアウトプットである技術同人誌は、急速に認知度を高めています。インプレスR&Dは国内最大級の即売会「技術書典」(https://techbookfest.org/) で頒布された技術同人誌を底本とした商業書籍を2016年より刊行し、これらを中心とした『技術書典シリーズ』を展開してきました。2019年4月、より幅広い技術同人誌を対象とし、最新の知見を発信するために『技術の泉シリーズ』へリニューアルしました。今後は「技術書典」をはじめとした各種即売会や、勉強会・LT会などで頒布された技術同人誌を底本とした商業書籍を刊行し、技術同人誌の普及と発展に貢献することを目指します。エンジニアの"知の結晶"である技術同人誌の世界に、より多くの方が触れていただくきっかけになれば幸いです。

株式会社インプレスR&D
技術の泉シリーズ 編集長 山城 敬

●お断り
掲載したURLは2018年7月1日現在のものです。サイトの都合で変更されることがあります。また、電子版ではURLにハイパーリンクを設定していますが、端末やビューアー、リンク先のファイルタイプによっては表示されないことがあります。あらかじめご了承ください。
●本書の内容についてのお問い合わせ先
株式会社インプレスR&D　メール窓口
np-info@impress.co.jp
件名に『『本書名』問い合わせ係』と明記してお送りください。
電話やFAX、郵便でのご質問にはお答えできません。返信までには、しばらくお時間をいただく場合があります。なお、本書の範囲を超えるご質問にはお答えしかねますので、あらかじめご了承ください。
また、本書の内容についてはNextPublishingオフィシャルWebサイトにて情報を公開しております。
https://nextpublishing.jp/

●落丁・乱丁本はお手数ですが、インプレスカスタマーセンターまでお送りください。送料弊社負担 にてお取り替え させていただきます。但し、古書店で購入されたものについてはお取り替えできません。
■読者の窓口
インプレスカスタマーセンター
〒 101-0051
東京都千代田区神田神保町一丁目 105番地
TEL 03-6837-5016／FAX 03-6837-5023
info@impress.co.jp
■書店／販売店のご注文窓口
株式会社インプレス受注センター
TEL 048-449-8040／FAX 048-449-8041

技術の泉シリーズ
Hello!! Nuxt.js
────────────────────────────
2018年8月24日　初版発行Ver.1.0（PDF版）
2019年4月12日　Ver.1.1

著　者　　那須 理也
編集人　　山城 敬
発行人　　井芹 昌信
発　行　　株式会社インプレスR&D
　　　　　〒101-0051
　　　　　東京都千代田区神田神保町一丁目105番地
　　　　　https://nextpublishing.jp/
発　売　　株式会社インプレス
　　　　　〒101-0051　東京都千代田区神田神保町一丁目105番地

●本書は著作権法上の保護を受けています。本書の一部あるいは全部について株式会社インプレスR&Dから文書による許諾を得ずに、いかなる方法においても無断で複写、複製することは禁じられています。

©2018 Masaya Nasu. All rights reserved.
印刷・製本　京葉流通倉庫株式会社
Printed in Japan
ISBN978-4-8443-9840-0

●本書はNextPublishingメソッドによって発行されています。
NextPublishingメソッドは株式会社インプレスR&Dが開発した、電子書籍と印刷書籍を同時発行できるデジタルファースト型の新出版方式です。https://nextpublishing.jp/